JN216840

統計学入門

数学苦手意識を克服する

浅野　晃 著

はしがき

このたびは，本書を手に取ってくださり，ありがとうございます。

私が工学部の大学生だったのは，もう 30 年も前のことです。その頃，私の受けたカリキュラムに統計学は入っていませんでした。それと比べると，現在では，コンピュータとネットワークの発達によって，大規模なデータを集めて処理するのはずっと簡単になり，統計学は大変身近なものになりました。いま話題の「人工知能」も，大規模に事例を集めてそれをもとに答えを出す仕組みになっていて，統計学の発展したものということができます。また，大学の共通教育に統計学の講義があるのはごく当たり前になり，文系理系問わず，さまざまな専攻の人々が統計学を学ぶようになっています。

私は，幅広い専攻の学生のいる講義で統計学を教えるときには，統計学の計算そのもの以上に，「統計学の計算は，どういうつもりで何をやっているのか」という，いわば「統計学のこころ」を説明してきました。

「統計学のこころ」は，数学で書かれています。自分の講義では，取っつきやすくするために「統計学で用いる数学は，＋，－，×，÷，平方根，累乗の 6 種類のみだよ」と最初に説明しています。しかしそれでも，平均の計算で $\sum$（シグマ）記号（総和）が出てきたらもうだめ，という受講生が，残念ながら少なからずいます。

そこでつまずいたのは，数学ができないからではないのです。ただ，数学での記号の使い方や数学の「ものの言い方」を知らなかった，あるいはたまたま忘れていただけなのです。それだけのために，統計学に接する機会を失ってしまうのは，とてももったいないことです。

そこで本書では，「統計学のこころ」を学ぶ前に，数学準備編として「数学のこころ」を説明する章を用意しました。そこでは，「数学の本を読むとは」という説明から始めて，数学の論理と日常の論理の違い，変数と定数，さらに数学でよく用いる「ギリシャ文字」の説明をつけました。そして，上にあげた累乗や平方根，それに $\sum$ 記号のような独特の表現のしかた，さらに関数と微分・積分の考え方も説明しました。

このような数学の準備運動のあと，「統計学基礎編」でいよいよ統計学の説明へと進みます。ここでは，まず集めたデータを分析する「記述統計学」について説明します。代表値や相関，回帰といった考え方は，いずれも大小バラバラな数値の集まりが，「ただバラバラなのではなく，どうバラバラなのかを説明する」という思想に基づいています。

以上をマスターしたあと「統計学発展編」へと進み，集めたデータを使って集めていないデータまでも分析する「統計的推測」を説明します。ここでは，「確率」が重要な役割を演じます。統計的推測は，集めたデータが「どうバラバラなのか」がわかれば，それ以外にはどんなデータがある可能性が高いかもわかる，という発想でできています。

本書を読んでみようと思ってくださった皆さんにお願いしたいのは，この本を読んで「統計学のこころ」について何かをつかんだあとに，PC を使って実際にデータ処理を行ってみることです。データ処理を行うためのツールは，Excel のような表計算ソフトや，あるいは R のようなフリーの統計解析ソフトなどたくさんありますし，そのための解説書も数多く出版されています。それらのツールによって，自らの手を動かしてデータ処理をしているときに，「どういう意味の計算をしているのか」という「こころ」を思い出すことによって，はじめて統計学が本当に自分のものになります。

本書の執筆にあたって，私に声をかけてくださり，また常に適切な助言をしてくださったオーム社書籍編集局の皆様に深く感謝いたします。

なお，本書の執筆の一部は，平成 28 年度関西大学研修員となり，研修費を受けて研究・執筆活動に専念していた期間中に行いました。

また，著者が大学で行っている統計学などの講義のスライドを，Web サイトで公開しています。http://racco.mikeneko.jp/Kougi/をごらんください。

2017 年 1 月

浅野　晃

目　次

第 3 部　統計学発展編　161

第1部

数学準備編

数学が難しいのには
色々な理由があります
にゃるほど…
① 数学の約束事がある
△△をxで表す
はて…?
?
$\sum_{i=1}^{n} x_i$
② 前から読むとは限らない
$P(-1.96 \leqq Z \leqq 1.96)=0.95$
初めはここから
考えていく
!?
③ 声に出して読みづらい
シグマ・iが
1からnまでのxi
余計
わからん…
先生だって、カゼのときには
数式を見たくなくなります…
あれー?
むずかしい…
お大事にニャ!

第1章

数学は「ウノ」ではなく「ページワン」だ

1.1 数学は「ウノ」ではなくトランプの「ページワン」

数学は，なぜむずかしいのでしょうか。なぜ，「むずかしい」と感じる人が多いのでしょうか。

それにはいろいろな理由がありますが，理由のひとつに「常識で理解できる部分が少ない」ことがあります。他の学問は，物理学や生物学のように自然に存在するもののしくみを調べたり，文学や社会学のように，人が現実に行っていることを研究の対象にしています。学問の前に，自然現象や人々のふるまいという，目に見える現実がありますから，その現実をたよりにして理解することができます。

一方，数学は自然に存在するものではなく，すべて人が作り上げたものです。

もちろん，エジプトで土地の分配を決めるために，幾何学という数学が生まれたように，数学はもともと現実の問題を解決するために考えられたものです。しかし，いったん幾何学という数学になってしまったら，もうエジプトの土地は関係ありません。どこの土地も関係はありません。

幾何学は，幾何学のルールと，そのときに決められた約束ごとの中で考えを進めていきます。幾何学の勉強で，点や直線を図に描くことがありますが，数学の中では，点には大きさはなく，直線には幅はありません。それは，現実とは関係なく「数学の中ではそう決められている」からです。

こういうルールの中で，幾何学ではさまざまな図形の性質を探っていきます。そうやってわかったことは「定理」とよばれ，有名な定理には「ピタゴラスの定理」のように名前がつけられています。ピタゴラスの定理は，直角三角形の斜辺の長さ（図 1.1 の a）と他の 2 つの辺の長さ（b と c）には，$a^2 = b^2 + c^2$ という関係があります。ピタゴラスの定理を使えば，長方形の土地の対角線の長さがすぐにわかります。このように，数学の世界の定理はふたたび現実の問題に適用されていきます。

さらに，数学は約束ごとでできているということを納得したとしても，数学の本を読んで勉強するときには，さらにもうひとつ，同様のむずかしさがあります。それは，数式のむずかしさです。

数式がむずかしいのは，数学の記号と約束ごと「だけ」でしか書かれていないからです。日本語で書かれている文章は，むずかしい内容でも，ふだん使ってい

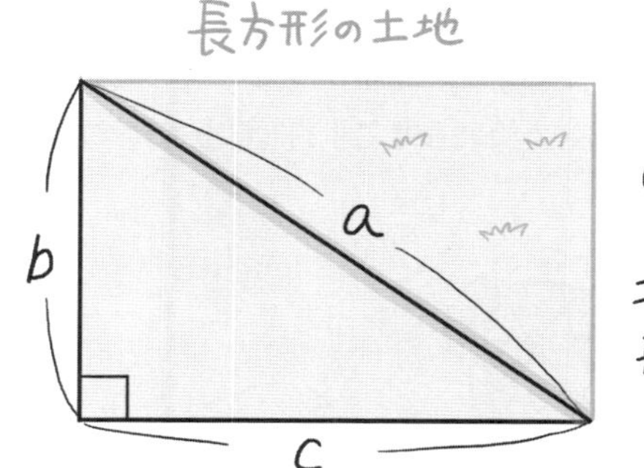

図 1.1　ピタゴラスの定理

る日本語の知識を使って読み進めることができます。しかし，数式を読むのには，そういう常識は通じません。すべては，数学の記号と約束ごとにしたがって書かれています。$+-\times\div$ という記号が何を意味しているのかというのは，数学全般で決められた約束ごとです。また，$(-1)\times(-1)=+1$ のように，マイナスとマイナスをかけるとプラスになるというのは，他の約束ごとと矛盾しないように定められた約束ごとです。

また，x だとか n だとかいう文字が何をさしているのかは，その場の約束ごとで決まっています。たとえば，統計学の本の中に

> n 個の数値からなるデータ $x_1, x_2, \ldots, x_n$ があるとき，データの平均 $\bar{x}$ は
>
> $$\bar{x} = \frac{x_1 + x_2 + \cdots + x_n}{n} \tag{1.1}$$
>
> で表される。

と書いてあれば，n は数値の個数，$x_1, x_2, \ldots, x_n$ は各数値，$\bar{x}$ は数値の平均，とこの場で決まったわけです。もしも，この式が数学の本の中に出てきたとすれば，ここで決まったことは，そのあともずっと有効です。本の中のある場所で決まったことを読み飛ばしたり，忘れてしまったりすると，その先のことはいくら読んでも理解できません。

このことは，以下のようなカードゲームのルールと似たところがあります。「ウノ (UNO)」というよく知られたカードゲームがあります。プレイヤーは，手

札から場の札と同じ色または数字のカードを出します。出せない場合は山から１枚カードをとります。これを順に行って，手札が早くなくなった人が勝ちです。カードの中には「次の人にカードを２枚取らせる」「順番を逆にする」といった指示が書かれたものもあります。

図 1.2　ウノ

では，「ページワン」（正式には「アメリカンページワン」）というトランプのゲームはご存じでしょうか？ページワンはウノの原型となったゲームのひとつで，いろいろな変種がありますが，「手札から場の札と同じマークまたは数字のカードを出す。出せない場合は山から１枚カードをとる。これを順に行って手札が早くなくなった人が勝ち」という基本ルールはウノと同じです。

ウノは専用のカードを使うので，「次の人にカードを２枚取らせる」といった指示はカードに書いてあります。一方，ページワンはトランプを使うので，「2 を出すと次の人が２枚とる」「8 を出すと順番が逆になる」のように，特定の数字のカードが特別な意味をもつルールになっています。それはゲームのルールなので，「なぜ 8 を出すと逆順になるのか」と聞かれても困ります。そう決めたから，としかいいようがありません。

さらに，著者が小学生の時は，学校で「ページワンのルールをその場で決める」という遊びをしていました。これは，ゲームの前にカードを切って１枚めくり，例えば 3 が出たら「3 のカードを出すと次の人が２枚とる」のようにその場でルールを決めて，その場で覚えます。ゲームの途中で間違えると「お手つき」すなわちペナルティとなります。

数学の本を読むことは，この「その場でルールを決めるページワン」に似ています。式に出てくる x とか y とかが何を意味しているのかは，その本の中でその式が出てくるよりも前に，「何々を x で表す」のように必ず書いてあります。それを確認しておかないと，「お手つき」になって，本を読んでも意味がわからなくなってしまいます。

1.2 数学の本の読み方：数学者だってスラスラとは読めません

本を読むとき，1ページ読み進めるのにどれくらいかかるでしょうか？軽い読み物ならスラスラと読み飛ばせます。少々むずかしい本でも，音読するのと同じ速さで読めることは多いと思います。

しかし，数学の本はそうはいきません。1ページ，あるいはひとつの数式を理解するのに何日もかかることだって珍しくありません。それは，数学に慣れていない初心者だけのことではありません。数学者だって同じことで，数学の新しい研究成果が書かれた論文を読むのには，十分に時間をかける必要があります。

数学の本を読むのには，なぜ時間がかかるのでしょうか。著者は，つぎのような理由があると考えています。

数学の約束ごとだけで書かれている　前節で述べたように，実生活の「常識」は通用しません。$+-\times\div$ のように数学全般で決められた約束ごとに加え，「何々を x で表す」のような，その本での約束ごとがあります。これらをきちんと思い出して，数式が何を表しているか，数式が変形されるときはなぜそうなるのか，一つひとつ理解していく必要があります。

日本語の文法でできていない　数式の規則は，当然日本語とは違います。また，人間の言語と関連している場合でも，日本語ではなく西洋語に関連していることがよくあります。例えば，この本の第9章以後では，$P(X)$ で「X の確率」を意味します。英語なら“probability of X”で P が X の前に来ますが，日本語では X が「確率」の前に来て，順序が逆です。したがって，数学の本は，日本語の中に「外国語」や「数学語」が紛れ込んだようになっています。

前から読むとは限らない　ふつうの言葉は，音声で聞き取って理解するために，前から順に理解して行くようになっています。しかし，数式は音声で聞くものではありませんから，前から順に理解すればよいとは限りません。

数式では，「掛け算・割り算は足し算・引き算よりも先に行う」というルールがあります。ですから，「$1+2\times3$」といった式では，2×3 を先に行って，次に $1+$ (2×3 の結果) を行います。

また，第12章で説明する「区間推定」に関連して出てくる「$P(-1.96 \leqq Z \leqq 1.96) = 0.95$」という式は，まず ( ) の中の「$Z$ が -1.96 以上 1.96 以下」を読み取り，次に $P(\ldots)$ で「( ) のことが起きる確率」という意味を把握し，最後に「$= 0.95$」でそれが 0.95 であることを理解します。そうすると，この式は，真ん中から左右両側に向かって広がっていくように読み取ることになります。

声に出して読むようにできていない　さきほど述べたように，数式は音声で聞き取るようにはできていません。ですから，声に出して読むようにもできていません。

第4章で，総和を表す「Σ記号」を説明するときに，「$\displaystyle\sum_{i=1}^{n} x_i$」という式の読み方を「シグマ・$i$ が1から n までの x_i」「i が1から n まで x_i を合計する」などと説明していますが，こう読まなければいけないというものでもなく，どう読んでもかまいません。

声に出して読めないと覚えにくい，という気持ちもわからないではないのですが，数式を文字通り暗記することには，あまり意味はありません。「シグマ・アイが1からエヌまでのエックスアイ」と唱えて覚えても，文字が変わって $\displaystyle\sum_{j=1}^{k} y_i$ になったとき理解できなければ，意味がありません。

あとへ行くほど急激にむずかしくなる　過去に習ったことのある数学の知識は，その後は何度でも使われます。日常よく使う「$+-\times\div$」も，小学校で習って以来何度も使って覚えてきたものです。また，先ほど「平均」の例で示したように，一冊の本の中でも，一度決めた約束ごとは，本の中では一度しか述べられなくても，述べられて以後はずっと使います。

ですから，数学の本は，はじめは「x は何々を表すものとする」みたいな単純な話ばかりですが，それで気を抜いていると，本の中で新たに説明されたこともその後では当然の知識のように使われますので，後ろの方へ行くと急激にむずかしくなります。

数学の本には以上のようなむずかしさがあり，著者だって，正直言って数式の多い本を読むのは疲れます。数式の部分をとばして読みたくなります。でもそれでは，漢字を飛ばしてひらがなだけ読むようなもので，決して理解はできません。

そこで，数学の本を読むのが苦手だと感じている方に，私がお勧めするのは，メモを横に置いて本を読むことです。文中に「何々を x で表す」と書いてあったら，メモに「x：何々」と書いておきます。そして，そこから先の数式に x が出てきたら，そのたびにメモの「x：何々」を何度も見返します。そして，本の中に出てきたいろいろな数式が組み合わさって，どういう世界で何を言っているのかという「世界観」を，頭の中に組み立てていきます。

つまり，さきほどの「その場でルールを決めるページワン」で，その場で決めたルールをメモに書いておいて，見ながらゲームを進めるようなものです。著者はいまでも，数式の多い学術論文を読むときには，この方法で読んでいます。

1.3　この本のこれからの見通し

さきほど「世界観」という言葉を使いましたが，数学の本を読むうえでは，「見通し」を持つことが重要です。数式を操作していくときや，論理を展開していくときに，その行き先がよくわからないと，だんだん世界観に霞がかかってきてしまいます。行き先がわかっていれば，議論の出発点と行き先の両方からアプローチして理解を進めることができます。

そこで，この章の終わりに，この本で統計学のための「準備体操」を行う第1部の内容が，統計学の考え方を説明する第2，3部とどのように関連しているかを，簡単に説明しておきます。図1.3も参考にしてください。

第2章「『実現できない公約はいたしません』という政治家」　では，数学における論理と，集合，集合を図示する「ベン図」について説明します。数学における論理は，もちろんこの本全体を通じて用いられていますが，第12章で「検定」を扱うときに，とくにこの論理が重要になります。また，集合とベン図は，第9章で確率に関する「条件付き確率」を説明するときに用います。

第 3 章「ギリシャ文字はかっこいい」 では，数学でよく用いられるギリシャ文字を説明しています。また，ここで説明している「定数」と「変数」の感覚は，この本全体に関連しています。さらに，この章で説明する「不等式」は，第 10 章で「確率変数の範囲」を説明するときや，第 12 章で「区間推定」を説明するときに用います。

第 4 章「足し算→掛け算→累乗と広がる計算」 では，この本全体で必要な「+，−，×，÷，ルート，累乗」の計算を説明します。この章で説明する，合計を意味する「Σ 記号」は，第 7 章で平均を求めるときや，第 14 章で期待値に関するさまざまな計算をするときなど，いろいろな場面で出てきます。また，ここで説明する「対数」は第 8 章で「対数目盛」として，「実数」の概念は第 13 章で「連続」の概念として，それぞれ取り扱われます。

第 5 章「関数と式」 では，数学で重要な「関数」と，関数の「グラフ」を説明します。これは，第 8 章で，データの広がりを要約するための「回帰直線」と，第 13 章で確率に関して出てくる「確率密度関数」の説明で，とくに重要です。

第 6 章「単位から微分へ，合計から積分へ」 では，量の変化を扱うための数学である「微分」と「積分」を説明します。微分は，第 8 章で，先ほど出てきた回帰直線を求めるための「最小 2 乗法」を説明するときに用います。積分は，第 13 章で出てくる「連続型確率分布」を説明するために用います。

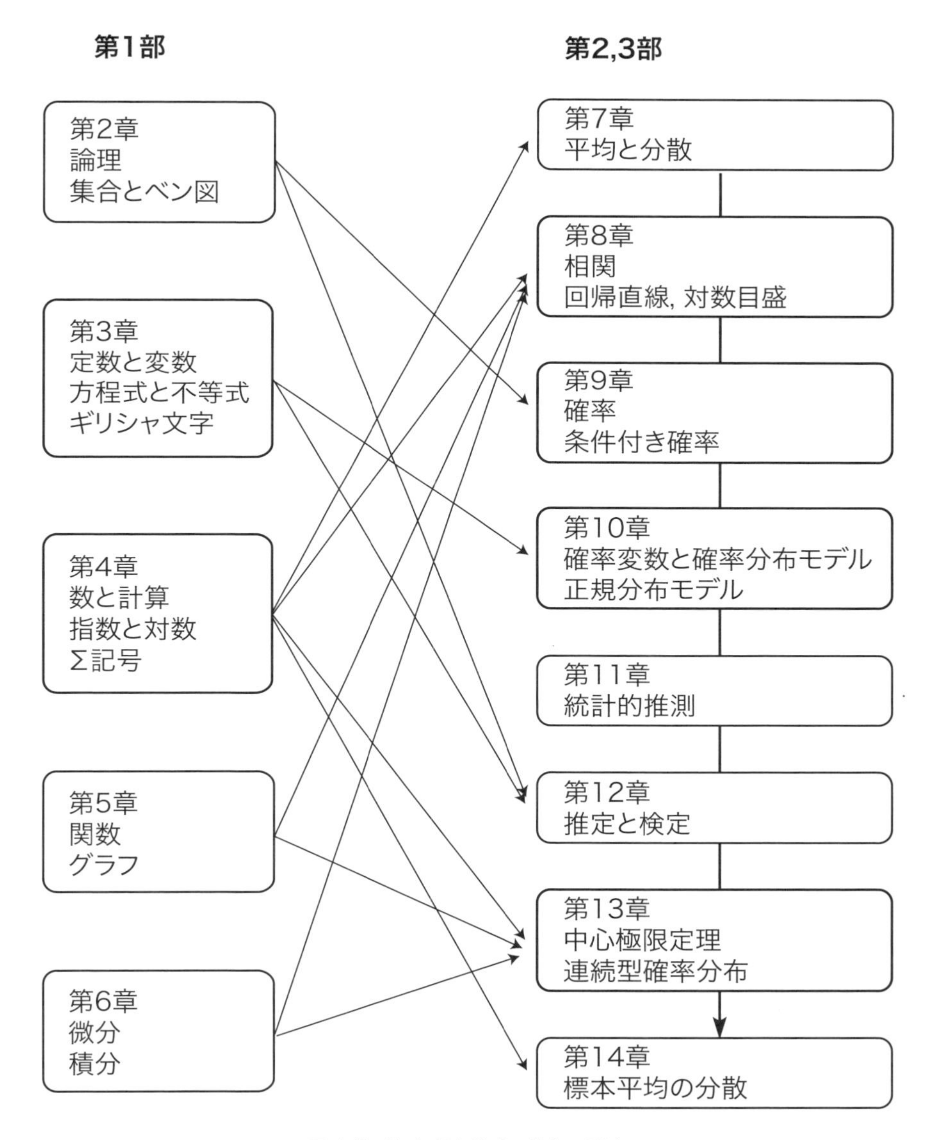

図 1.3　第 1 部と第 2, 3 部の関連

演習問題

記号 ∘ を，$a \circ b = a - a \times b$ と定めます。このとき，

1. $2 \circ 1$ はいくらですか。
2. $1 \circ (2 \circ 3)$ はいくらですか。
3. $1 \circ x = 1 + x$ であることを示してください。

演習問題の解説

1. $2 \circ 1 = 2 + 2 \times 1 = 4$ です。
2.
$$\begin{aligned} 1 \circ (2 \circ 3) &= 1 \circ (2 + 2 \times 3) \\ &= 1 \circ 8 \\ &= 1 + 1 \times 8 \\ &= 9 \end{aligned} \tag{1.2}$$
   となります。
3. $1 \circ x = 1 + 1 \times x$ で，$1 \times x = x$ ですから，$1 \circ x = 1 + x$ です。

解説　この問題のように，「記号 ∘ を ... と定めます」と書かれた時点で，「∘」はこの意味になります。ちょうど，本文で紹介した「その場でルールを決めるページワン」のようなものです。また，問題文中の a，b，x は「変数」で，いろいろな数になることが想定されるのを，代表して a，b，x のような文字で書いています。問題の 3. は，変数 x がどんな数になっても $1 \circ x = 1 + x$ という関係が正しいことを示してください，という問題です。

第2章

「実現できない公約はいたしません」という政治家

2.1 「実現できない公約はしない」という政治家は,「実現できる公約」をするのか

先日，著者が家の近所を散歩していると，議員のポスターが目にとまりました。そこには

実現できない公約はいたしません

と書いてありました。おそらくこの議員は，「公約したことは必ず実現する」と述べているのでしょう。日常の感覚では，そのとおりだと思います。

図 2.1　実現できない公約はいたしません

しかし，数学の論理からすると，この言葉の意味はすこし異なります。数学は，日頃の常識ではなく，数学の中で定められたルールのもとで考えを進めていくので，あいまいな言葉があっては困ります。ですから，数学では，「言っていないことは暗黙のうちに決まっている」のではなく，「言っていないことは何も定まっていない」と考えます。この議員のセリフも，日常の感覚では「議員は必ず公約をする」と暗黙のうちに承知していますが，数学ではそうは考えません。数学的には，

「実現できない公約はしない」と言っているだけでは，「公約をするのかどうか」については何も言っていない

と考えます。ですから，「実現できない公約はしない」とは

仮に公約をするとすれば，それは実現できる公約だけである

という意味です。この議員は「公約をする」ときのことだけしか述べておらず，「公約をしない」ときのことは何も述べていません。ですから，この議員が「何の公約もしない」のであっても，「実現できない公約はしない」という言い分には反していません。

2.2 「数学の論理」と「科学の態度」

前節の話は，屁理屈だと思うでしょうか。数学とはなんと細かいことを言うものだと思うでしょうか。しかし，この話は「科学の態度」とは何かという問題に通じています。

前節で，

実現できない公約はしない＝仮に公約をするとすれば，それは実現できる公約だけである

と述べました。ここで，「仮に公約をするとすれば」という部分を，数学では**仮定**といいます。仮定は，数学のルールの中では「いまはその仮定は正しいとして，その範囲内で話を進める」ために用います。

ですから，いま何が仮定されているかは，大変重要です。どんな計算をしても定理を導いても，それはその仮定のもとでしか成り立ちません。これは数学に限らず，どんな科学でも共通です。何が仮定かをはっきりさせて，その仮定のもとで間違いなく言えることだけを述べるのが，科学の態度です。薬だって「何の病気のどんな症状の人が，どういう飲み方をすれば効く」というものであって，「いつでも何にでも効く薬」というのは眉唾です。

この本では，後で「区間推定」という統計学の手法を扱います。これは，たとえば次の例題のようなものです[注1]。

注1　この例題を，第12章で説明します。

例題 ある試験の点数の分布は正規分布であるとします。この試験の受験者から，10 人からなる標本を無作為抽出して，この人たちの点数を平均したところ 50 点でした。この試験の受験者全体の点数の分散が 25 であるとわかっているとき，受験者全体の平均点の 95% 信頼区間を求めてください。

この例題では，たくさんの人が試験を受けたときの点数のデータについて，そのデータの一部だけを調べて，計算によって「受験者全体の平均点は 50 点～60 点の間にある」のような形の推測をします。この例題の場合，受験者全体の平均点を μ，受験者全体の点数の分散（散らばりの度合い）を σ^2，取り出したデータのサイズ（ここでは 10 人）を n，取り出したデータだけの平均を $\bar{X}$ で表すとき，「$\dfrac{\bar{X}-\mu}{\sqrt{\frac{\sigma^2}{n}}}$ という値が -1.96 以上 1.96 となる」という性質を用いて，「受験者全体の平均点は 46.9 以上 53.1 以下であると推測する。この推測の信頼係数は 95% である」という答えを出します。

第 12 章で説明する，上の答えを出す過程では，「データの一部をとりだして調べるときには，無作為抽出（公正なくじびき，図 2.2）を行っていると仮定する」「データにおける点数の散らばり方は，正規分布（現実のデータでいちばんよく現れる散らばり方を，数式で表現したもの）であるとする」などと仮定をつけたうえで計算をしています。これらの仮定のもとで，この推測が的中している確率

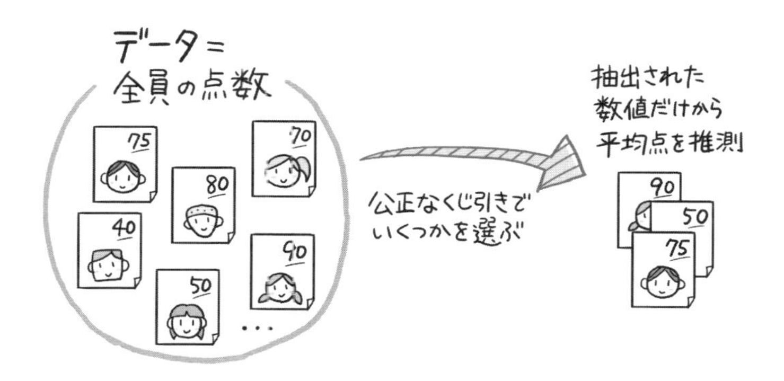

図 2.2 無作為抽出

である「信頼係数」も計算されます。[注2]

この例題に対する答え方として，

1. 受験者全体の平均点は 46.9 以上 53.1 以下である。
2. 無作為抽出と正規分布を仮定すると，受験者全体の平均点は 46.9 以上 53.1 以下である。
3. 無作為抽出と正規分布を仮定すると，受験者全体の平均点は 46.9 以上 53.1 以下である。この推測の信頼係数は 95% である。

の中では，1 より 2，2 より 3 の言い方のほうが科学的です。1 のようにズバリとものを言うほうが，一般受けはいいものです。科学者の言い方は，まわりくどいとか逃げを打っているとよく言われます。しかし，このように「仮定は何か」をきちんと述べ，しかも述べたことの正しさの度合いまできちんと言うのは，科学に対して真摯だからだと，著者は考えます。

2.3 論理と集合

ここで，論理と密接な関係にある**集合**の考え方について，説明しておきます。集合の考え方は，第 9 章で確率を説明するときにも用います。

集合とは，「何かの集まり」を表す，数学の基礎となる概念です。集まっている「何か」のことを**要素**といい，要素は数であっても，物でも，出来事でも，何でもかまいません。ただ，要素が集まったものが集合であるためには，「どんな要素がその集合に入るか」が，あいまいさなしに決まらなければなりません。「満 20 歳以上の人の集まり」は集合ですが，「若者の集まり」は，ある人が若者かどうかを判定する決まりがはっきりしていませんから，集合ではありません[注3]。

集合を表すには，$A = \{1, 2, 3\}$ のように，集合を A などの文字で表して，その集合に入っている要素を中カッコの中に書きます。要素を書き並べるかわりに，$Z = \{z \mid z$ は自然数$\}$ のように，その集合に入る要素の条件を中カッコの中に書

注2　後で「区間推定」を説明するときに，「無作為抽出」や「正規分布」，「信頼係数」という言葉の正確な意味も詳しく説明します。

注3　「若者の集まり」のように，「どんな要素がその集合に入るか」があいまいな場合でも，「ある要素がその集合に入っている度合い」を考えることで，集合として扱えるようにしたのが「ファジィ集合」です。

くこともできます[注4]。この例の書き方では，何かの文字（ここでは z）で要素を代表して表し，縦棒の後ろに，その z が満たすべき条件が書いてあります。この縦棒は「ただし」と読むとわかりやすいと思います。この書き方を使うと，さきほどの集合 A は $A = \{x \mid x$ は 3 以下の自然数 $\}$ と書くこともできます。

ところで，「x は 3 以下の自然数である」という記述は，x に具体的な数が入ると，それが正しいかどうかが確実に判定できます。このような記述を**命題**といい，命題が正しいことを「命題が**真**（しん）である」，正しくないことを「命題が**偽**（ぎ）である」といいます。命題について「正しいかどうかが，確実に判定できる」ことと，集合について「何が要素かが，確実に決まる」ことは，同じことを言っています。例えば，「1 は 3 以下の自然数である」という命題が真であることと，「1 は，集合 $A = \{x \mid x$ は 3 以下の自然数 $\}$ の要素である」ことは，同じことをいっています。ですから，「x は 3 以下の自然数である」という命題を「命題 A」とすると，「命題 A が真になるような要素の集合が，集合 A」ということになります。

集合を目に見えるように表すのが**ベン図**といわれるものです。ベン図は，ひとつの集合を「要素を取り囲む枠」で表す描き方です。例えば，上の集合 Z と集合 A は，図 2.3 のように描くことができます。一番外側の枠は集合 Z を表し，その中に「すべての自然数」が入っています。その中の丸い枠が集合 A を表し，その中に要素「1，2，3」が入っています。

さて，図 2.4 のグレーの部分は，「集合 Z の要素のうち，集合 A の要素でない

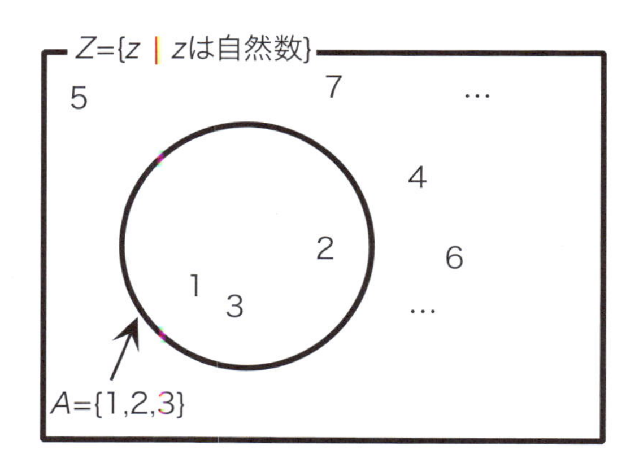

図 2.3 ベン図

注4 自然数とは，1 つ，2 つ，3 つとものを数えるための数字をいいます。第 4 章で説明します。

もの」を表す集合で，すなわち「自然数のうち 3 以下でないもの」を表します。この集合を「集合 Z における，集合 A の**補集合**」といい，$\bar{A}$ あるいは A^c で表します。「集合 A の補集合」とは簡単にいえば「A でないもの」なのですが，「集合 Z における，」というただし書きがついているのは，今考えている一番大枠の集合が Z である，つまり「自然数の世界で考えている」ことを示しています。このような Z を**全体集合**といいます。

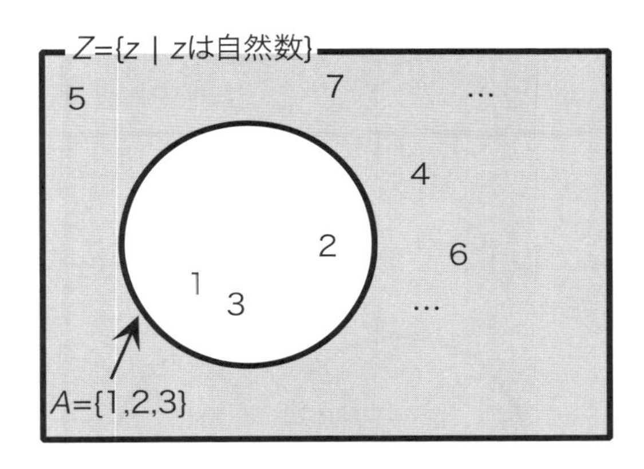

図 2.4　集合 Z における，集合 A の補集合 $\bar{A}$

ベン図を使うと，2 つ以上の集合の間の関係をわかりやすく表すことができます。例えば，$B = \{x \mid x$ は正の偶数$\}$ という集合を図 2.3 に描き加えると，図 2.5 のようになります。

ここで，集合 A と集合 B の「両方」に入っている要素を考えます。この要素は「2」だけで，これは $\{x \mid$「x は 3 以下の自然数」かつ「x は正の偶数」$\}$ という集合の要素です。この集合は，ベン図で表すと，図 2.6 のように，集合 A の枠と集合 B の枠の重なりあった部分に相当します。この集合を「集合 A と集合 B の**交わり**」あるいは「**共通部分（インターセクション）**」とよび，$A \cap B$ で表します。

先ほど述べた，命題と集合の関係を考えると，集合 $A \cap B$ は，「x は，3 以下の自然数であり，かつ，正の偶数である」という命題が真になるような数の集合を示しています。つまり，集合 $A \cap B$ は，論理における「かつ」（論理積）に対応しています。

また，集合 A と集合 B について，その「どちらか」に入っている要素を考え

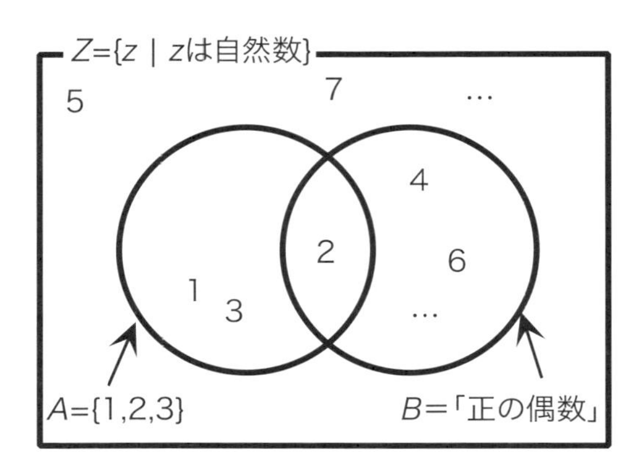

図 2.5 集合 A と集合 B

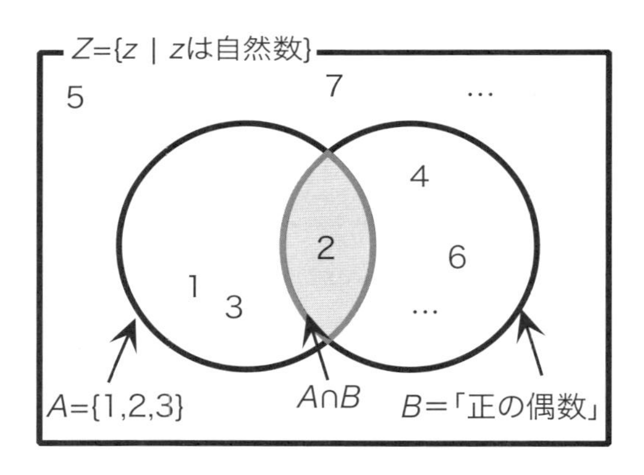

図 2.6 集合 $A \cap B$

ます。この要素は「$1, 2, 3, 4, 6, \ldots$」で，これらは $\{x \mid$「x は 3 以下の自然数」または「x は正の偶数」$\}$ という集合の要素です。これをベン図で表すと，図 2.7 のように，集合 A の枠と集合 B の枠を結びつけた部分に相当します。この集合を「集合 A と集合 B の**結び**」あるいは「**和集合（ユニオン）**」とよび，$A \cup B$ で表します。

命題と集合の関係を考えると，集合 $A \cup B$ は，「x は，3 以下の自然数であるか，または，正の偶数である」という命題が真になるような数の集合を示しています。つまり，集合 $A \cup B$ は，論理における「または」（論理和）に対応しています。

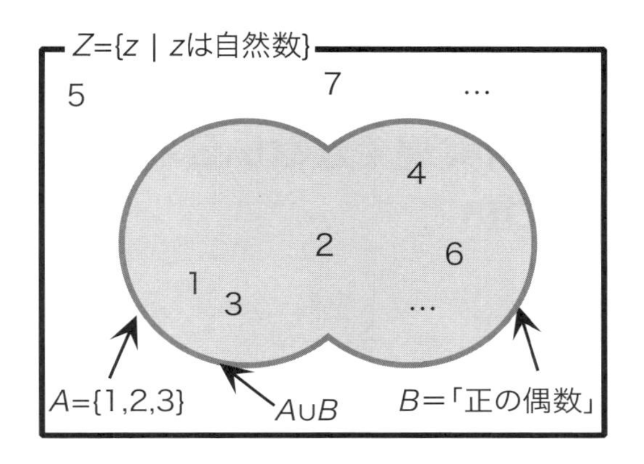

図 2.7　集合 $A \cup B$

なお，図 2.7 のベン図を見てもわかるように，数学でいう「A または B」は，「A かつ B」を含みます。これは，日常の言葉の感覚とは違っているので注意してください。「コーヒーまたは紅茶を差し上げます」と言われた場合，ふつうは「どちらか一方がもらえる」と考えますが，数学では「コーヒーも紅茶も両方もらう」でもかまいません。

例題　全体集合 $Z = \{z \mid z \text{は実数}\}$，集合 $A = \{x \mid x > 3\}$，集合 $B = \{x \mid x \leqq 2\}$ とするとき，集合 $\bar{A}$，$A \cap B$，$A \cup B$ を表してください[注5]。

このように，どんな集合かを式を用いて表すこともできます。この例題では，$\bar{A}$ は実数 x のうち $x > 3$ でない範囲ですから，$\bar{A} = \{x \mid x \leqq 3\}$ と表すことができます。

$A \cap B$ は A と B に共通に含まれる範囲ですが，$x > 3$ でかつ $x \leqq 2$ になるような x はありません。こういうときは，「要素のない集合」を意味する「空（くう）集合」という言葉を使って，「$A \cap B$ は空集合である」といいます。空集合は記号 $\emptyset$ で表され，これを用いると $A \cap B = \emptyset$ と書くことができます。$A \cup B$ は，A と B のどちらかに含まれる範囲で，$A \cup B = \{x \mid x \leqq 2 \text{ または } x > 3\}$ と表し

注5　実数とは，整数，有限の桁数で終わる「有限小数」，有限の桁数では終わらない「無限小数」をあわせたものです。第 4 章で説明します。また，不等号（$>$ や $\leqq$）については，3.4 節で説明します。$x > 3$ は「x は 3 より大きい」，$x \leqq 2$ は「x は 2 以下」の意味です。

ます。□

2.4 再び，「実現できない公約はしない」の意味について

この章の初めに述べた，

> 「実現できない公約はしない」とは，「仮に公約をすれば，それは実現できる公約だけである」という意味で，公約をするかどうかは言っていない

という数学の論理について，集合の考え方でもう一度みてみましょう。

全体集合 Z を「その議員のすべての発言」とし，集合 A を「その議員の公約」，集合 B を「その議員の，実現できる公約」とします。すると，「実現できない公約はしない」とは，その議員の発言が図 2.8 のグレーの範囲に入っていることを意味します。つまり，議員の発言は「公約ではない発言」と「実現できる公約」だけである，ということです。

このベン図を，論理を表現するものと考えてみましょう。この図は，「公約をするならば，それは実現できる公約である」という「ならば」の関係が，「公約をしないか，または実現できる公約をする」ということと同じであることを示しています。つまり，数学でいう「A ならば B」とは，「A でないか，または B」と

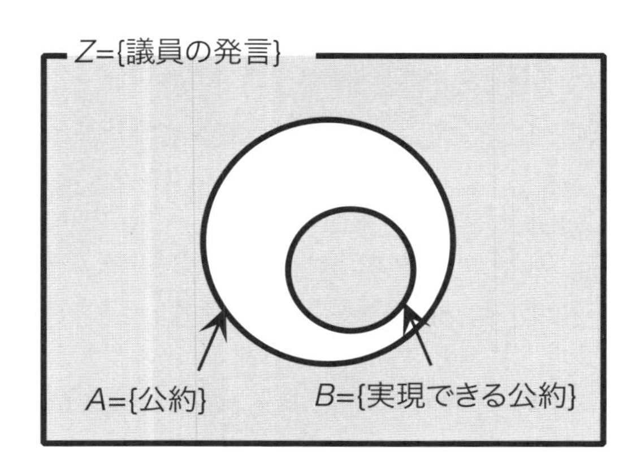

図 2.8　議員の発言の範囲

同じことなのです。記号では「A ならば B」を $A \Rightarrow B$ と書きます。「A でないか，または B」も記号で書くと，「$A \Rightarrow B$ と $\bar{A} \cup B$ は同じ意味」ということになります。

演習問題

1. 集合 A, B について，次の関係があることを，ベン図を使って示してください。

$$\overline{A \cap B} = \bar{A} \cup \bar{B} \tag{2.1}$$

$$\overline{A \cup B} = \bar{A} \cap \bar{B} \tag{2.2}$$

   この関係を**ド・モルガンの法則**といいます。

2. 衆議院議員総選挙の候補者になれるのは，法律で

   「日本国民で，かつ満 25 歳以上」の人

   であると定められています[注6]。このとき，「衆議院議員総選挙の候補者になれない」のはどういう人でしょうか。

演習問題の解説

1. 式 (2.1) の左辺は，$A \cap B$「以外」の部分ですから，図 2.9 のグレーの部分になります。一方，右辺にある集合 $\bar{A}$ と集合 $\bar{B}$ はそれぞれ図 2.10 の (a) と (b) になります。図 2.10 (a) (b) の「どちらかでグレーになっている部分」が集合 $\bar{A} \cup \bar{B}$ ですから，それは図 2.9 のグレーの部分，すなわち $\overline{A \cap B}$ に一致します。
   また，式 (2.2) の左辺は，$A \cup B$「以外」の部分ですから，図 2.11 のグレーの部分になります。上と同様に考えると，図 2.10 (a) (b) の「両方でグレーになっている部分」が集合 $\bar{A} \cap \bar{B}$ ですから，それは図 2.11 のグレーの部分，すなわち $\overline{A \cup B}$ に一致します。
2. ド・モルガンの法則を，論理に当てはめて考えます。

注6　実際の公職選挙法では，もう少し細かい規定があります。

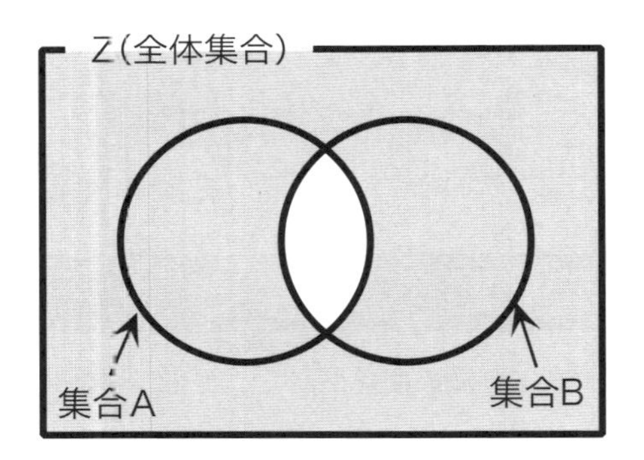

図 2.9 集合 $\overline{A \cap B}$

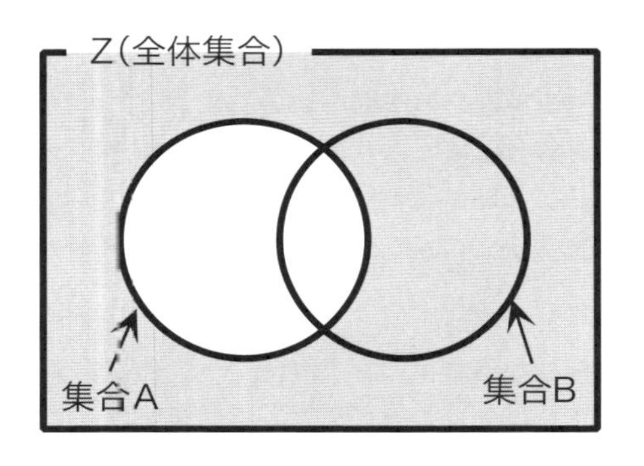

(a)

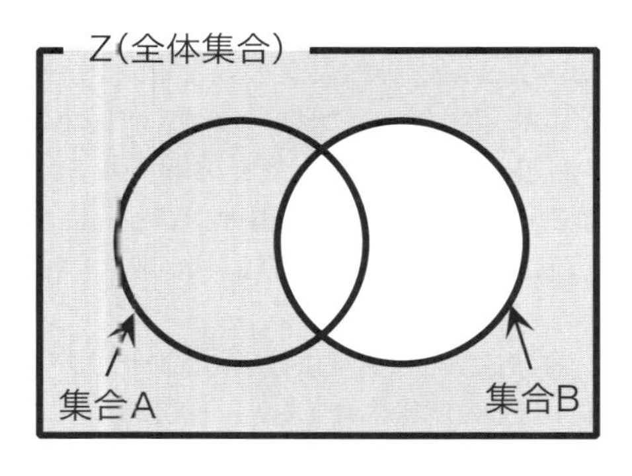

(b)

図 2.10 (a) 集合 $\bar{A}$ と (b) 集合 $\bar{B}$

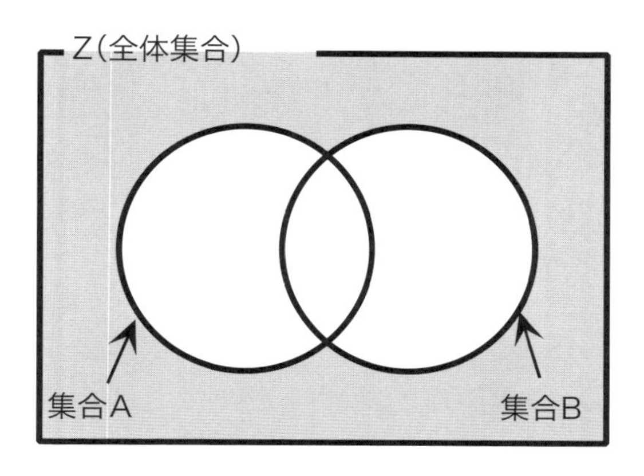

図 2.11　集合 $\overline{A \cup B}$

日本国民で，かつ満 25 歳以上

を否定すると，

日本国民でないか，または満 25 歳以上でない

となりますから，

衆議院議員総選挙の候補者になれないのは，「日本国民でないか，または満 25 歳以上でない」人である

となります。けっして，

衆議院議員総選挙の候補者になれないのは，「日本国民でなく，かつ満 25 歳以上でない」人である

ではないことに気をつけてください。

第3章

ギリシャ文字はかっこいい

3.1 数学と文字式：変数と定数

数学では，数字のかわりに x や y という文字を使って，$y = 2x + 3$ のように式を表します。文字の部分は，いろいろな数字に置き換わることになります。例えば，$y = 2x + 3$ で x を数字 1 に置き換えると，y は $2 \times 1 + 3$ で 5 と計算されます。このとき，文字を数字で置き換えることを**代入**するといい，この例では「x に 1 を代入する」といいます。また，文字がいま置き換えられている数字のことを文字の**値（あたい）**といい，この例では「x の値が 1 のとき，y の値は 5 である」といいます。

ただ，この「文字が数字に置き換わる」ことには，2 通りの意味があります。文字による数式を読む時には，各文字がどちらの意味の文字として使われているを把握しておくと，式の意味が理解しやすくなります。

そのひとつは，「式では文字で書いてあるが，実際の問題で数値が与えられた時は，その文字がどんな数字に置き換わるかが最初に決まっていて，問題を解いている間は変わらない」ものです。もうひとつは，「式では文字で書いてあって，実際の問題の中でもいろいろな数に変化する」ものです。ここでは，前者は**定数**，後者は**変数**とよぶことにします。

たとえば，統計データを集めて，n 個の数値 $x_1, x_2, \ldots, x_n$ の平均 $\bar{x}$ を求める計算は，

$$\bar{x} = \frac{x_1 + x_2 + \cdots + x_n}{n} = \frac{1}{n}\sum_{i=1}^{n} x_i \tag{3.1}$$

という式で表されます。この式の「$\sum$」記号で表される計算は，4.5 節で説明しますが，x_i の i を $1, 2, 3, \ldots$ と n までひとつずつ増やしながら足し算していくという意味で，つまり $x_1 + x_2 + \cdots + x_n$ と同じ意味です。

実際に数値を使って平均を求めるときには，数値の個数 n や数値 $X_1, X_2, \ldots, X_n$ は，計算を始める時点で決まっているはずです。一方，i は計算の途中で $1, 2, 3 \ldots$ と変化していきます。ですから，n や $x_1, x_2, \ldots$ は定数で，i は変数です。

上の例では，変数 i の値は $1, 2, 3, \ldots$ と順に変化していますが，変数の値は順に変化するだけではなく，いろいろな変化のしかたがあります。統計学では，値がランダムに変化する変数があって，これが重要な役割を果たします。これは「確率変数」とよばれるもので，第 10 章で説明します。

例題 以下の文中で用いられる数式中の各文字は，変数でしょうか，定数でしょうか？

三角形の底辺の長さを x，高さを y とするとき，面積 S は $S = \frac{1}{2}xy$ で表される。いま，ある三角形の底辺が a，高さが b のとき，面積 S を求めよ。

三角形の「底辺の長さ」や「高さ」は，どんな三角形にもあるもので，いろいろな三角形についてそれぞれ違うものです。ですから，特定の三角形ではなく，すべての三角形に共通して「底辺の長さ」を表している x や「高さ」を表している y，それに，それらから計算される面積を表す S は，変数です。一方，「ある三角形の底辺が a，高さが b のとき」という記述は，この問題で扱われる特定の三角形の底辺が a，高さが b であることを表していますから，a，b は定数です。□

3.2 「=（イコール）」のいろいろな意味

数学で，**等号**すなわち「=（イコール）」とは，「= の左右のものが等しい」という意味です。ただ，別の読み方をしたほうがわかりやすい場合もあります。

子供の頃，「$1 + 1 = 2$」を「いちたすいち『は』に」と読んでいたと思います。この「は」は，「$1 + 1$ を計算すると，その結果が 2 になる」という意味で，何々に「なる」という変化を表しています。これと同じように，上で平均を計算する式としてあげた

$$\bar{x} = \frac{x_1 + x_2 + \cdots + x_n}{n} = \frac{1}{n}\sum_{i=1}^{n} x_i \tag{3.2}$$

という表現は，右の $\frac{x_1 + x_2 + \cdots + x_n}{n}$ や $\frac{1}{n}\sum_{i=1}^{n} x_i$ という計算の結果が，$\bar{x}$ で表される平均に「なる」と読むとよいと思います。

また，「$x = a$ とおく」という言い方が，数学にはよくあります。これは，「変数 x の値を，定数 a に決める」という意味です。この章のはじめで例としてあげた「式 $y = 2x + 3$ で x を数字 1 に置き換えると」という表現も，ふつうは「x に 1 を代入する」あるいは「$x = 1$ とおく」といいます。

なお，「=」とよく似た記号で，3 本線の「≡」という記号を使うことがあります。これは「定義する」という意味で，初めて出てくる文字の意味を式で説明するときに用います。

3.3 等号と方程式

等号を用いて書かれる式を**等式**といいますが，で，その中でよく出てくるのが**方程式**です。方程式は，変数を含む等式で，変数の値によってその式が正しかったり正しくなかったりするものです。式が正しくなることを，数学では式が**成り立つ**といいます。方程式が成り立つような変数の値を求めることを，方程式を**解く**といい，そのときの変数の値を方程式の**解（かい）**といいます。

例えば，変数 x についての方程式 $2x + 3 = 7$ は，x を数字 2 に置き換えると，左辺（等号の左側）は $2 \times 2 + 3$ で 7 となり，右辺（等号の右側）と等しいので，

$x = 2$ は方程式 $2x + 3 = 7$ の解です[注1]。

方程式を解くためには，等式を操作して，$x = \ldots$ の形に変える必要があります。この操作を**式変形**といいます。よく使われる式変形は，**移項**と**定数倍**です。

例にあげた方程式 $2x + 3 = 7$ を解くには，まず左辺と右辺それぞれから 3 を引きます。左辺と右辺は等しいので，それぞれから同じ 3 を引いても，やはり等しいことは変わりません。つまり，$2x + 3 - 3 = 7 - 3$ で，つまり $2x = 7 - 3$ すなわち $2x = 4$ となります。これを見ると，左辺の $+3$ が右辺の -3 に，符号が変わって移動したように見えます。これが「移項」です。

さらに，$2x = 4$ の左辺と右辺に，それぞれ $\frac{1}{2}$ を掛けます。左辺と右辺は等しいので，それぞれに同じ $\frac{1}{2}$ を掛けても，やはり等しいことは変わりません。つまり，$2x \times \frac{1}{2} = 4 \times \frac{1}{2}$ です。これが「定数倍」で，計算すると $x = 4 \times \frac{1}{2}$ すなわち $x = 2$ となり，解が得られます。なお，左辺と右辺を合わせて「両辺」といい，この操作は「両辺に $\frac{1}{2}$ を掛ける」あるいは「両辺を $\frac{1}{2}$ で割る」といいます。

例題　方程式 $\frac{1}{2}x - 1 = \frac{1}{3}$ を解いてください[注2]。

左辺の -1 を右辺に移項すると，$\frac{1}{2}x = \frac{1}{3} + 1$ となります。これはすなわち $\frac{1}{2}x = \frac{4}{3}$ で，両辺を 2 倍すると $x = \frac{8}{3}$ となります。□

この解答例で，「$\frac{1}{2}x = \frac{4}{3}$ の両辺を 2 倍する」という計算をしていますが，これはあたかも，左辺の分母の 2 が右辺の分子に移動したかのように見えますし，そのように捉えると理解しやすいと思います。

注1　この方程式にある「$2x$」は，「2 掛ける x」を表します。掛け算の記号は，通常はこのように省略されます。掛け算を強調したいときや，掛け算の記号を省略すると誤解を招くときは，2×3 のように掛け算記号を書いたり，あるいは $2 \cdot 3$ のように「$\cdot$」を使います。

注2　ふつうの数学の教科書では，こういう問題では「〜を解け。」と書いてあります。なぜそんなにエラソウな文体なのだ，と思う方もいるかもしれませんが，数学は「簡潔に書く」ことが尊ばれるためだということで，お許しいただければと思います。

3.4 不等号と不等式

不等式とは，数値や定数・変数の間の大小関係を表す式で，大小関係を表す記号を**不等号**といいます。$x < y$ と書いてあれば，「x は y よりも小さい」「y は x よりも大きい」という関係を表します。また，$x \leqq y$ と書いてあれば，「x は y 以下である」「y は x 以上である」という意味を表します。なお，$\geqq$ と $\geq$，$\leqq$ と $\leq$ は，それぞれ同じ意味です。

また，不等号を 2 つ使って「$a \leqq x \leqq b$」と書くと，これは「x は a 以上 b 以下の範囲にある」という意味で，範囲を表す表現になります。

等号で結ばれた等式の場合は，両辺に何を足しても引いても，あるいは両辺に何をかけても，両辺を何で割っても，その等式はなりたちます。前節では，方程式を解くためにこの性質を使いました。しかし，不等式の場合は少しようすが違います。

足し算引き算の場合は等式と同じで，両辺に何を足しても引いても，その不等式は成り立ちます。例えば，$3 < 5$ ですから，$3+2 < 5+2$ であり $3-2 < 5-2$ です。一方，掛け算割り算の場合は，「両辺に負の数を掛けたり，両辺を負の数で割ると，不等号の向きが逆になる」という性質があります。例えば，$3\times(-1) = -3$，$5\times(-1) = -5$ ですから，$3 < 5$ ですが $3\times(-1) > 5\times(-1)$ となります。割り算も同様で，$3/(-1) = -3$，$5/(-1) = -5$ ですから，$3 < 5$ ですが $3/(-1) > 5/(-1)$ となります。

例題　変数 x について $-2x + 3 < 5$ が成り立つとき，本文で述べた不等式の操作を使って，x の範囲を求めてください。

$-2x+3<5$ の両辺から 3 を引くと，$-2x<2$ が成り立ちます。さらに両辺を -2 で割ると，-2 は負の数なので不等号の向きが逆になって，$x>-1$ となり，x の範囲が求められます。□

この例題の操作を「不等式 $-2x+3<5$ を**解く**」といいます。また，解いた結果として求まった x の範囲である「$x>-1$」を，不等式 $-2x+3<5$ の**解**といいます。

3.5 なぜギリシャ文字まで用いるのか

先に述べた通り，数学では数字のかわりに x，y などの文字を使って式を表します。ローマ字の大文字・小文字を用いることはもちろんですが，そのほかに数学でよく用いるのは「ギリシャ文字」です。これは，多種多様な変数や定数を表すためには，ローマ字だけでは足りないためです。とくに，ギリシャ文字には，習慣的に特別な意味合いをもたせていることがよくあります。高校数学にも出てくる例としては，円周率を π（パイ）で表したり，また角度を表す文字に θ（シータ）をあてるというものがあります。なお，数学では，さらにローマ字のスクリプト書体（$\mathscr{F}$ など），ドイツ書体（$\mathfrak{R}$ など），ヘブライ文字（$\aleph$ など）を用いることもあります。

統計学では，ギリシャ文字は「集めたデータから直接計算することはできず，推定をしなければならないもの」に用いる傾向があります。たとえば，日本男性何人かを集めて身長を測って平均を計算したものを m で表し，一方「日本男性全体の身長の平均」のように調べるのが難しいものを，対応するギリシャ文字 μ（ミュー）で表す，といったものです。

ギリシャは西洋文明の源流のひとつですから，ギリシャ文字には，どこか「かっこいいもの」「神秘的なもの」という雰囲気があるのかもしれません。これは，日本人にとっての「難しい漢字」と似たところがあります[注3]。

以下，ギリシャ文字アルファベットの各文字を順に説明していきます。各文字の見出しは，ギリシャ文字小文字，ギリシャ文字大文字，カタカナでの読み方，英語での綴りです。

注3　ある種の人々が「よろしく」に「夜露死苦」などと当て字をするのも，この種の心理だと，著者は思います。

α, A　**アルファ（alpha）**

ローマ字の A にあたる文字で，ギリシャ文字アルファベットの最初の文字です。数学・物理学でいろいろな意味に用います。統計学では，第 12 章に出てくる「有意水準」を α で表します。

β, B　**ベータ（beta）**

ローマ字の B にあたる文字ですが，現代のギリシャ語では，この文字は b ではなく v の音を表します。ギリシャ文字の 2 番目の文字で，「アルファベット」という言葉は，ギリシャ文字の最初と 2 番目の文字である「アルファ」と「ベータ」から来ています。統計学では，本書では詳しく扱いませんが，「第 2 種の誤りの確率」を β で表します。なお，ドイツ語で用いられる ß（エスツェット）は，似ていますが別の文字です。

γ, Γ　**ガンマ（gamma）**

ローマ字では G にあたる文字です。数学では，階乗（ある自然数から 1 ずつ減らした数を 1 まですべてかけたもの。例えば 5 の階乗は $5 \times 4 \times 3 \times 2 \times 1$）を実数に一般化した「ガンマ関数」というものがあります。また，物理学では，放射線に α 線，β 線，γ 線という名前がつけられています。なお，手書きで γ を書くときは，ローマ字の r と紛らわしくならないように，きちんと真上側が開くように書いてください。

δ, Δ デルタ (delta)

ローマ字ではDにあたる文字です。数学では，Δ を変数の前につけると，「その変数のわずかな変化」の意味を表します。たとえば，変数 x に対して，Δx は「変数 x のわずかな変化」の意味です。Δ をこういう意味に用いるのは，英語の“difference”（差）の頭文字から来ています。また，数学以外の用語でも，三角形のものを表現するのに「デルタ」という言葉を使います。たとえば，川の河口にある三角州を「デルタ」といいますし，飛行機の三角形の翼は「デルタ翼」とよばれます。

ε, E イプシロン（エプシロン）(epsilon)

ローマ字ではEにあたる文字です。数学では，「とても小さな正の数」，あるいは「いくらでも0に近づけられる正の数」を ε で表すことがよくあります。たとえば，$x+\varepsilon$ は，「x よりもわずかに大きな数」を表すのによく用いられます。あとで出てくる υ（ユプシロン，ウプシロン）と紛らわしいですが，数学では ε のほうがはるかに頻繁に用いられます。なお，ϵ という字体を用いることもありますが，意味は同じです。

ζ, Z ゼータ (zeta)

ローマ字ではZにあたる文字です。数学では，さきほどのガンマ関数に関係する「ゼータ関数」というものがあります。また，変数 z が特別な意味を持つときに，対応するギリシャ文字の ζ で表すことがあります。

η, H イータ（エータ）(eta)

大文字はローマ字のHと同じ形で，ローマ字のHの元になった文字ですが，現代のギリシャ語ではiの音を表します。統計学では，この本では扱いませんが，「客の年齢と購入商品の種類の関係」のように，数量データとカテゴリーデータとの関連を調べるときに用いる「相関比」を，η^2 という記号で表します。

θ, Θ　シータ（テータ）(theta)

ローマ字には対応する文字がなく，th の 2 字で表されます。数学で，角度を表す変数によく用いられます。ϑ という字体もありますが，意味は同じです。ただ，数学では ϑ よりも θ を用いることのほうが多いようです。また，発音記号（国際音声記号，IPA）では英語の“thing”の th の音を [θ] で表します。

ι, I　イオタ（iota）

ローマ字の I，J にあたる文字です。数学では「包含写像」を表すのに用いますが，この本では用いません。

κ, K　カッパ（kappa）

ローマ字で K にあたる文字ですが，小文字の κ は k とは微妙に形が違うので注意してください。数学のいろいろな場面で用いられ，また変数 k が特別な意味を持つときに，対応するギリシャ文字の κ で表すことがあります。

λ, Λ　ラムダ（lambda）

ローマ字では L にあたる文字です。英語での綴りに注意してください。数学では，いろいろな変数や定数にしばしば用いられる文字です。物理学では，波の「波長」など，長さに関する量を表すのによく用いられます。

μ, M　ミュー（mu）

ローマ字では M にあたる文字です。さきほど例にあげたように，統計学では，平均や「期待値」を表すときに頻繁に用いられます。

ν, N　ニュー（nu）

ローマ字では N にあたる文字です。統計学では，第 12 章で出てくる「自由度」に用いられることがあります。また，物理学では波の「振動数」を表すのに用いられます。小文字 ν は，ローマ字の v や u と似ているので注意してください。手書きで ν を書くときは，下の部分をきちんと尖らせて書くとよいでしょう。

ξ，Ξ　**クシー（グザイ）（xi）**

ローマ字では X にあたる文字です。数学では，変数 x が特別な意味を持つときに，対応するギリシャ文字の ξ で表すことがあります。小文字の ξ は，手書きではちょっと書きにくい文字です。

o，O　**オミクロン（omicron）**

オミクロンは「小さい（ミクロ）オー」という意味です。ローマ字の O と同じ形なので，数学ではとくにギリシャ文字と意識することはあまりありませんが，関数の概略を表すための「オーダー」という書き方で用いる O や o は，本来はギリシャ文字のオミクロンです。

π，Π　**パイ（pi）**

ローマ字では P にあたる文字です。小文字 π は，すでに述べた通り，数学では円周率を表します。また，大文字 Π からきた記号が，数学ではある演算を表すのに用いられます。演習問題で確認してください。

ρ，P　**ロー（rho）**

ローマ字では R にあたる文字です。小文字 ρ は，ローマ字の p とは微妙に形が違いますので注意してください。ρ を手で書くときは，下から一筆で書きます。数学でさまざまな場面に用いられるほか，物理学では「密度」を表すときによく用いられます。

σ，Σ　**シグマ（sigma）**

ローマ字では S にあたる文字です。大文字 Σ から来た記号「$\sum$」は，3.1 節で触れたとおり，足し算をまとめて書く記号で，「合計」を意味するラテン語 "summa"（英語の "summation"）の頭文字 S を，対応するギリシャ文字で表したものです。この記号については，4.5 節で詳しく説明します。また，統計学では，小文字 σ で標準偏差という量を表し，その 2 乗 σ^2 は分散という量を表します。なお，小文字には ς という字体もあり，ギリシャ語では単語の終わりに σ が来ると ς に変わります。この字体は数学ではあまり用いられません。

τ，T　タウ（tau）

ローマ字では T にあたる文字ですが，小文字 τ はローマ字 t とは微妙に形が違い，大文字の T のような形です。変数 t が特別な意味を持つときに，対応するギリシャ文字の τ で表すことがあります。t は時間 (time) を表したり暗示することが多いので，τ も同じく時間を表すことがよくあります。

υ，Υ　ユプシロン（ウプシロン）（ypsilon）

ローマ字の Y にあたる文字ですが，数学ではあまり用いられません。ドイツ語では Y の字をユプシロンと呼び，またフランス語では Y の字をイグレック（ギリシャの i）と呼んでいます。ローマ字の V もこの文字に由来し，U や W は V から派生した文字なので，ローマ字の U，V，W，Y の 4 つの文字のもとになった文字ということができます。

ϕ，Φ　ファイ（phi）

ローマ字には対応する文字がなく，ph の 2 字で表されます。キリル文字（ロシア語などに使われている文字）では，Φ がローマ字の F に対応します。数学では，角度を表すときに，θ の次に用いられることが多いです。小文字は，φ という字体もよく用いられます。なお，空集合（含まれる要素がなにもない集合）を表す記号 $\emptyset$ は，ギリシャ文字の ϕ とは別の記号ですが，ϕ で代用されることもあります。なお，すぐあとで出てくる ψ，Ψ（プサイ）とは別の文字ですので，注意してください。

χ，X　カイ（chi）

ローマ字の X の元になった文字ですが，小文字は微妙に形が違います。また，ローマ字で X に対応するギリシャ文字は ξ，Ξ（クシー）で，ギリシャ文字 χ をローマ字で表すときは ch あるいは kh と書きます。統計学では，この本では扱いませんが「χ^2 分布」というものがあり，「カイ 2 乗分布」と読みます。カタカナでは「キー」と読むこともありますが，数学では「カイ」と読むのがふつうです。

ψ, Ψ　**プサイ（プシー）(psi)**

ローマ字には対応する文字がなく，ps の 2 字で表されます。物理学では，量子力学に出てくる「波動関数」を表すのに用いられます。数学でも，関数を表す文字としてしばしば用いられます。なお，先に出てきた ϕ, Φ（ファイ）とは別の文字ですので，注意してください。

ω, Ω　**オメガ (omega)**

ギリシャ文字アルファベットの最後の文字で，オメガは「大きな（メガ）オー」という意味です。第 9 章の確率のところで出てくる「全事象」のように，「全体」を表すものを Ω で表すことがあります。これは，ラテン語で「すべての」を意味する "omnis" という言葉の頭文字を，ギリシャ文字 Ω で表したものです。小文字 ω も，「方程式 $x^3 = 1$ の解（1 の三乗根)」を表すなど，数学のいろいろなところで使われています[注4]。手書きで ω を書くときは，ローマ字 w と紛らわしくならないようにしましょう。

演習問題

1. 3.1 節で出てきた「$\sum$」は，本章でも触れたように，足し算をまとめて書いた記号です。4.5 節で詳しく説明しますが，たとえば，「$\sum_{i=1}^{n} x_i$」は，$x_1 + x_2 + \cdots + x_n$ と同じ意味です。では，この記号のギリシャ文字 Σ を Π に変えた $\prod_{i=1}^{n}$ はどういう意味でしょうか？調べてみてください。
2. 不等式
$$-2 \leqq \frac{50 - x}{10} \leqq 2 \tag{3.3}$$
を解いてください。
（ヒント：この不等式は，2 つの不等号に挟まれた形になっていますが，

注4　著者は講義で，「ω はギリシャ文字です。(´・ω・`) のような顔を書くためにあるのではありません」という話をしています。

$-2 \leqq \dfrac{50-x}{10}$ と $\dfrac{50-x}{10} \leqq 2$ の 2 つの不等式が同時に成り立っていると考えれば，例題と同じように解くことができます。）

3. 日本語に「プラス α」という慣用表現があります。その意味を調べてみてください。

演習問題の解説

1. 「$\prod$」は，掛け算をまとめて書く記号に用いられます。たとえば，「$\prod_{i=1}^{n} x_i$」は，$x_1 \times x_2 \times \cdots \times x_n$ と同じ意味です。
2. $-2 \leqq \dfrac{50-x}{10} \leqq 2$ の各辺を 10 倍すると $-20 \leqq 50-x \leqq 20$ となります。
   さらに各辺から 50 を引くと，$-70 \leqq -x \leqq -30$ となります。
   さらに，各辺に -1 をかけると，-1 は負の数なので不等号の向きが逆になり，$70 \geqq x \geqq 30$ となります。これでも不等式の解といえなくはありませんが，より大きな数字を右に書くほうが習慣的に見やすいので，ふつうは左右を逆にして $30 \leqq x \leqq 70$ とします。なお，この問題に出てきた形の不等式は，第 12 章で「区間推定」を説明するときに用いられます。
3. 「プラス α」は，「少し付け足す」「少し付け足したもの」を表します。たとえば，「手当は 3 万円プラス α」というと，3 万円より少し多い手当という意味です。
   この「プラス α」は，日本でしか通じない「和製外来語」です。この表現の由来について，「外国で何かの機会に“$+x$”と書いてあったのを見た日本人が，手書きの“x”と“α”を見間違えた」という説があります。確かなことはわかりませんが，x を手書きで速く書くと，x の左側がつながってしまって α に見える，というのはありそうな話です。また，α の円状の部分を，きちんと丸く書かずに細く書いてしまうと，γ に見えることがあります。
   ギリシャ文字はふだんは使わない文字なので，手で書くときには，読みやすく明瞭に書くように注意しましょう。

第4章

足し算→掛け算→累乗と広がる計算

4.1 計算の発展

子供のころ，はじめて**数**というものを知ったのは，どういう機会だったでしょうか？もうそんなことは覚えていない，とおっしゃる方も多いかもしれませんが，おそらく「何かを数える」だったのではないでしょうか。著者の場合は，「お風呂に浸かっている時間を指を折って数える」「お正月に，みかんの数を数える」あたりでした。

人類の歴史においても，数の始まりは，指を折って物を数え，それに「ひとつ，ふたつ，みっつ，…」のように名前をつけたことのようです。いま私たちは，10をひとつの区切りとして，11を「10と1」，21を「10が2つと1」のように表す「十進数」を主に使っています。その理由は，人の指の数が10本なので，10を区切りにしたからだといわれています。$1, 2, 3, \ldots$ という数字を**自然数**とよびますが，これは「数えるための数」で，それが自然に生まれた最初の数というわけです。

物を数えることは，やがて**足し算**に発展しました。図4.1のように，2つのグループに分かれているものを通算して順に数えるかわりに，それぞれのグループを数えて「足す」という計算を考えたわけです。足し算を考えた結果，すでに一度数えたものはその数を記憶しておくことで，あとで別のものといっしょにして数えるときには，わざわざ最初から数えなくても，新たに数えたものと前の数を足せばよいことになりました。

何度も数えることをの手間を省いたのが足し算だったように，何度も足し算をする手間を省くのが**掛け算**です。図4.2のように，同じ数のグループがいくつもあるなら，それらをすべて足し算するかわりに，グループの数を掛ければいいわ

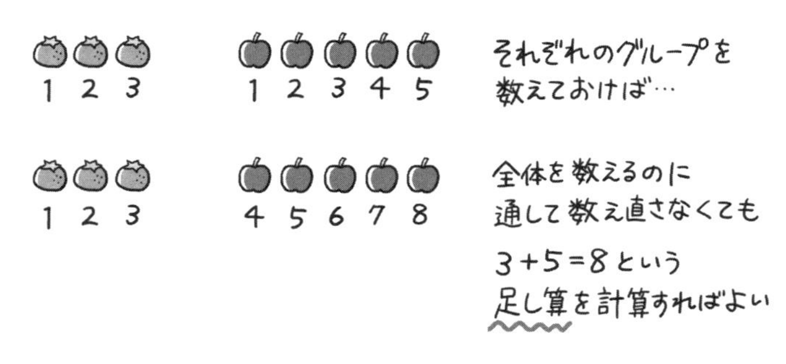

図 4.1　数えることから足し算へ

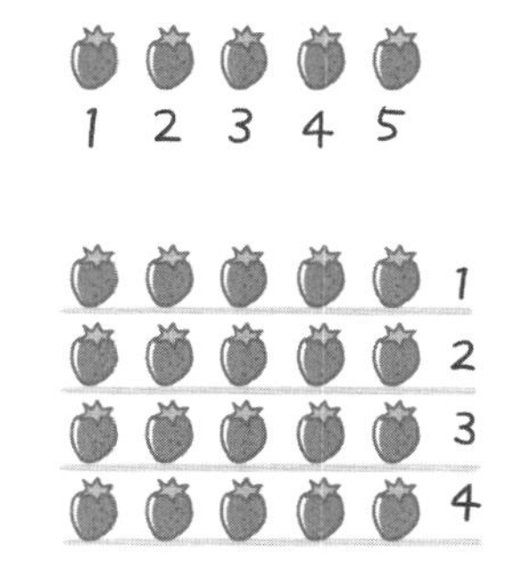

図 4.2　足し算から掛け算へ

けです。

「何度も数えるかわりに足し算」「何度も足し算するかわりに掛け算」という発想を発展させると，「何度も掛け算するかわりに」という計算を考えることができます。これが**累乗**で，2^3 と書くと「2 を 3 個掛ける」こと，すなわち $2 \times 2 \times 2$ を意味します。この例でいう「3」のような，掛ける回数を表す数を**指数**といいます。

4.2 逆演算と平方根

前節のように，人類は「数える」→「足し算」→「掛け算」→「累乗」と，計算の概念を広げてきました。さらに，それぞれの計算について，「計算の結果から，計算する前の数を求める」計算を考えました。たとえば，$2 + 3 = 5$ という足し算に対して，$x + 3 = 5$ の x を求める計算です。前節の「方程式」のところで述べたように，この x は $x = 5 - 3$ という**引き算**で求められます。なお，ここで文字 x で表された変数を，とくに**未知数**といいます。

掛け算についても，$x \times 3 = 6$ という掛け算に対して，$x = 6 \div 3$ という**割り算**で x を求めることができます[注1]。このような，足し算に対する引き算，掛け算に対する割り算を，**逆演算**といいます。

では，累乗に対する逆演算は何でしょうか？これは，**累乗根（るいじょうこん）**

注1　数学では，割り算に ÷ という記号はあまり使わず，$\frac{6}{3}$ と分数の形で書くか，あるいは 6/3 と書きます。この本では，分数の形をおもに用います。

といわれるものです。とくによく用いられるのが，「$x^2 = 2$ となる x は何か」のように，「2 乗するとある数になるような数」を求める計算で，この数を**平方根（へいほうこん）**といいます。

$2^2 = 4$ ですから，「4 の平方根は 2」と言いたいところですが，実はこれでは不十分です。なぜならば，$(-2)^2 = (-2) \times (-2) = 4$ ですから，-2 も 4 の平方根だからです。ですから，「4 の平方根は ± 2」といわなければなりません。

では，「$x^2 = 2$ となる x」，つまり「2 の平方根」は何でしょうか。これは 4 の平方根のように簡単な整数では書けそうにありませんので，$\sqrt{2}$ という記号で表し，「ルート 2」と読みます。ただし，$\sqrt{2}$ は「2 の平方根のうち，正の数のほう」を表します。ですから，正確には「2 の平方根は $\pm\sqrt{2}$」といわなければなりません。

また，「$x^3 = 2$ となる x」は，「2 の 3 乗根」あるいは**立方根（りっぽうこん）**といい，$\sqrt[3]{2}$ という記号で表します。一般に，「n 乗すると a になる数」を「a の n **乗根**」といい，$\sqrt[n]{a}$ という記号で表します。

2 乗と平方根は，統計学では頻繁に出てくる計算です。なお，$\sqrt{2}$ は $1.41421356\ldots$ と無限に続く小数で，しかも，$\frac{10}{11} = 0.909090\ldots$ のように特定の数字の並びが繰り返すこともありません。このような数を**無理数**といい，他にも円周率 $\pi = 3.14159265\ldots$ も無理数です。これに対して，整数と，有限の桁数の小数（有限小数），それに上の $\frac{10}{11}$ のような，無限に続く小数であっても分数の形で書ける数（循環小数）を合わせて，**有理数**とよびます。有理数と無理数を合わせて**実数**とよび，この本で使う数は，この実数の範囲内です。

4.3 指数の拡張

指数について，次の例題を考えてみましょう。

例題　次の指数に関する計算を，上から順に考えてみてください。

1. $2^2 \times 2^3$
2. 2^{-1}
3. $(2^3)^2$
4. 2^{-2}
5. 2^0
6. $2^{\frac{1}{2}}$

1. 2^2 は 2×2 で「2 を 2 回掛ける」，2^3 は $2 \times 2 \times 2$ で「2 を 3 回掛ける」ですから，$2^2 \times 2^3$ は $(2 \times 2) \times (2 \times 2 \times 2)$ つまり「2 を $(2+3)$ 回掛ける」すなわち 2^{2+3} となります。一般的に言うと，

$$a^m \times a^n = a^{m+n} \tag{4.1}$$

で，「掛け算は，指数の足し算」ということになります。

2. $2^2 \times 2^{-1}$ という計算に，1. のルールをあてはめると，$2^2 \times 2^{-1} = 2^{2+(-1)} = 2^1$ となります。$2^2 = 4$，$2^1 = 2$ ですから，$2^{-1} = \dfrac{1}{2}$ とすればよいことになります。

3. 2^3 は $2 \times 2 \times 2$ で「2 を 3 回掛ける」で，それを 2 乗するとは，その 2^3 を 2 回掛けることですから，$(2 \times 2 \times 2) \times (2 \times 2 \times 2)$ で，「2 を (3×2) 回掛ける」すなわち $2^{3\times 2}$ となります。一般的に言うと，

$$(a^m)^n = a^{mn} \tag{4.2}$$

で，「累乗は，指数の掛け算」ということになります。

4. $2^{-2} = 2^{2\times(-1)}$ と考えると，3. によって，これは $(2^2)^{-1}$ となります。さらに，

2. により，これは $\frac{1}{2^2}$ となります。一般的に言うと，

$$a^{-m} = \frac{1}{a^m} \tag{4.3}$$

です。

5. $2^0 = 2^{1+(-1)}$ と考えると，1. によってこれは $2^1 \times 2^{-1}$ で，さらに 2. によって，これは $2 \times \frac{1}{2} = 1$ となります。一般に，$a^0 = 1$ です。ただし，0^0 がいくらになるかは，一般的には定義されていません。

6. $(2^{\frac{1}{2}})^2$ を考えると，3. からこれは $2^{\frac{1}{2} \times 2}$ ですから，2^1 すなわち 2 となります。つまり，$2^{\frac{1}{2}}$ は「2 乗すると 2」になる数で，$\sqrt{2}$ となります。「2 乗すると 2」になる数には $-\sqrt{2}$ もありますが，$2^{\frac{1}{2}}$ は $\sqrt{2}$ を指すものと定義されています。一般には，a が正の数のとき，$a^{\frac{1}{m}}$ は「m 乗すると a」になる数で，$\sqrt[m]{a}$ です。

4.4 対数

4.2 節では，「$x^2 = 2$ となる x」を考えました。今度は，指数のほうを未知数にして，例えば「$2^x = 8$ となる x」を考えます。この x は 3 で，つまり「2 を 8 にする指数 x は，3」ということになります。これと同じことを言うのに，指数 x のほうに注目した言い方が，今から説明する**対数（たいすう）**です。

「2 を 8 にする指数」のことを，$\log_2 8$ と書いて，「2 を**底（てい）**とする，8 の対数」といいます。つまり，$\log_2 8 = 3$ です。一般的には，

$$a^x = b \text{ のとき，} x = \log_a b \tag{4.4}$$

です。log は“logarithm”という言葉の略で，「ログ」と読みます[注2]。また，上の式の b を**真数（しんすう）**といいます。

前節の例題で説明した，指数に関する法則を，対数を使って表してみましょう。例題 1. の式 (4.1) で述べた，「掛け算は，指数の足し算」という関係を，対数で表現してみます。

式 (4.1)，すなわち $a^m \times a^n = a^{m+n}$ という関係から，

注2　英語の logarithm は，元はラテン語の造語“logarithmus”で，ギリシャ語 logos = reckoning，ratio（計算，比）と arithmos = number（数）から来ているそうです。（Oxford English Dictionary より）

$$p = a^m,\ q = a^n \text{とおくと，} pq = a^{m+n} \tag{4.5}$$

です。このとき，先ほど式 (4.4) で述べた対数の定義を使って，式 (4.5) の指数をそれぞれ対数で表すと

$$m = \log_a p,\ \ \mathrm{n} = \log_a q \text{ のとき，} m + n = \log_a pq \tag{4.6}$$

となります。したがって，

$$\log_a p + \log_a q = \log_a pq \tag{4.7}$$

です。このことは，「真数の掛け算（pq）は，対数の足し算（$\log_a p + \log_a q$）」に対応することを意味します。つまり，対数を使うと「掛け算を足し算に置き換える」ことができます。

また，例題の 3. の式 (4.2) で述べた，「累乗は，指数の掛け算」という関係を，対数で表現してみます。さきほどと同様，

$$p = a^m \text{とおくと，} m = \log_a p \tag{4.8}$$

です。$p = a^m$ より $p^n = (a^m)^n$ ですが，式 (4.2)，すなわち $(a^m)^n = a^{mn}$ という関係から，$p^n = a^{mn}$ です。式 (4.4) で述べた対数の定義から，

$$p^n = a^{mn} \text{のとき，} mn = \log_a p^n \tag{4.9}$$

です。上の式 (4.8) で述べたように $m = \log_a p$ ですから，これを上の式 (4.9) に代入すると

$$n \log_a p = \log_a p^n \tag{4.10}$$

となります。このことは，「真数の累乗（p^n）は，対数の掛け算（$n \log_a p$）」に対応することを意味します。つまり，対数を使うと「累乗を掛け算に置き換える」ことができます。

つまり，対数を使うと，「累乗→掛け算」「掛け算→足し算」と，この章の最初に述べた計算の発展の過程を，一段階戻すことができます。そもそも，対数が考

案されたのは，電子計算機のなかった時代に，大きな数の掛け算を足し算に置き換えて計算するためでした。

また，例えば 10 を底とする対数を考えると，$\log_{10} 10x = \log_{10} 10 + \log_{10} x$ ですから，真数を 10 倍することは，対数では $\log_{10} 10$ を足すことに相当します。$\log_{10} 10$ は，「10 を 10 にする指数」のことですから，1 です。このように「何倍かすることを，1 を足すように扱う」ことは，人間の感覚に合っていることがしばしばあります。

例えば，1 等星，2 等星，…のような星の等級は，もともとは古代ギリシャの天文学者ヒッパルコスが「最も明るい星を 1 等星，肉眼でなんとか見える星を 6 等星とし，その間を含めて 6 段階に星を分類した」のが始まりです。後に星の明るさを機械で測れるようになったとき，次の 2 つのことがわかりました。

- 1 等星は 6 等星の 100 倍明るい。
- 星の明るさは，等級がひとつ上がるごとに，一定量増えるのではなく，一定倍率を掛けたものになる。

等級がひとつ上がるときの明るさの倍率を x とすると，6 等星から 1 等星まで等級が 5 つ上がると明るさが 100 倍になるので，$x^5 = 100$ です。ここから，x の値は $100^{\frac{1}{5}} = \sqrt[5]{100} = 2.5118\cdots$ となりますから，図 4.3 のように，星の等級が 1 つ上がると明るさはおよそ 2.512 倍になります。このことは，ヒッパルコスが星の明るさを 6 段階に分けた時，自分の眼の感覚で 6 つに分けた段階は，「2.512

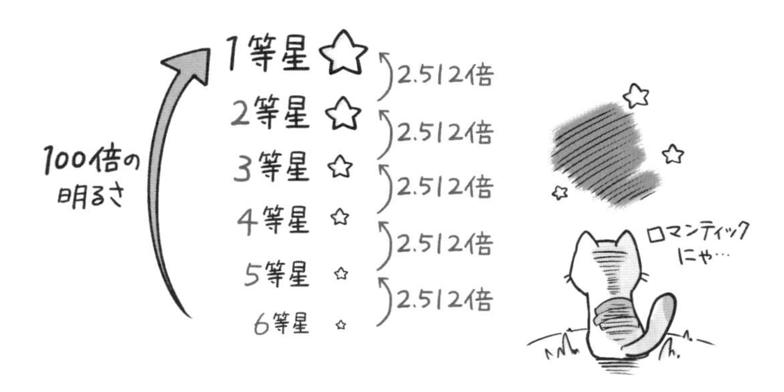

図 4.3　星の等級

倍することを，1段階あげると扱う」対数による段階であったことを意味します。

この考え方で，グラフの軸において「ひと目盛進むと，軸で示された数量が一定量増えるのではなく，一定倍になる」のが，**対数目盛**とよばれるものです。図 4.4 は，第8章の演習問題に出てくるもので，どちらも「台数が毎年2倍になる」という変化を表しています。(b) の縦軸は「ひと目盛上に上がると2倍になる」対数目盛になっていて，「台数が毎年2倍になる」という変化が一直線に沿って表されていることがわかります。

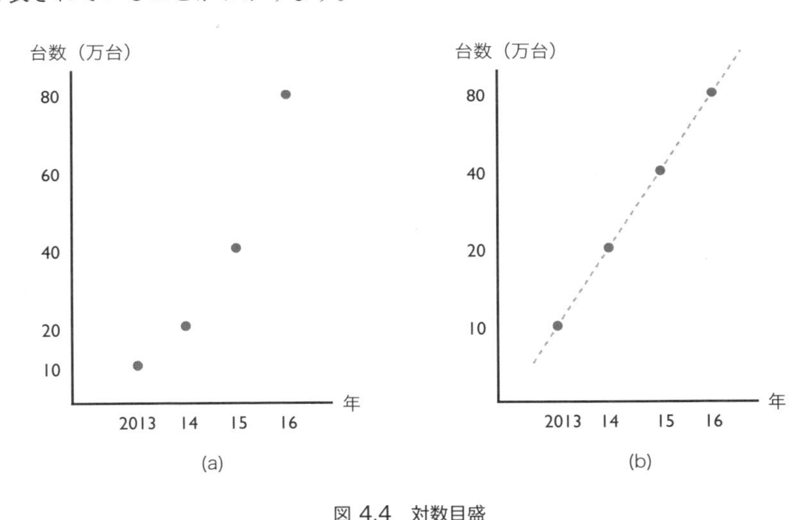

図 4.4　対数目盛

4.5 Σ記号と「n 個の数を足す」ことの意味

ここまでの話とは少し離れますが，足し算のくりかえしをまとめて表す「$\sum$」（Σ（シグマ）記号）について，ここで説明しておきます。

前章の 3.1 節ですでに出てきましたが，数 $x_1, x_2, \ldots, x_n$ の平均を求める式は，次のように書かれています。

$$\bar{x} = \frac{x_1 + x_2 + \cdots + x_n}{n} = \frac{1}{n}\sum_{i=1}^{n} x_i \tag{4.11}$$

後半にある「$\sum$」を使った式は，数学で「合計」を表す書き方です。数学ではギリシャ文字を使って「$\sum$」と書きますが，これは英語の“summation”など「合計」を表す言葉の頭文字“S”に対応するギリシャ文字が“Σ”だからです。漢字で書けば，「和」と書いてあるようなものです。

「$\sum$」の下には小さく「$i=1$」，上には「n」と書いてありますが，これで

- 「シグマ・i が 1 から n までの x_i」
- 「i が 1 から n まで x_i を合計する」

などと読み，「添字 i を 1 から順番に n までひとつずつ増やして，添字のついた数を順に足していく」ことを表します。添字はどこにあるのかといえば，後ろの x_i についています。ですから，$x_1, x_2, \ldots$ と順に添字を増やしていって，$x_1 + x_2 + \cdots$ と順に足していき，x_n まで合計することになります。つまりこれは，$x_1 + x_2 + \cdots + x_n$ の意味になります。なお，ここでの x_i のように，「1 から順に数える」ための添字には i がよく用いられますが，この i は“index”から来ています。i だけでは足りない場合は，その続きの $j, k, l, \ldots$ もよく用いられます。

ただの足し算なのにわざわざ Σ 記号を使うのは，2 つの理由があります。ひとつは，合計する計算を「$\displaystyle\sum_{i=1}^{n} x_i$」とひとかたまりに書いて，式の中で「合計を計算した結果」を 1 つの数として扱うためです。

もうひとつは，2 個とか 3 個という具体的な個数の足し算をする場合だけでなく，何個足すかがまだ決まっていないときでも，足し算を式で書けるようにするためです。「n 個の数を足し算する」というとき，この「n」は 3.1 節で述べた「定数」です。実際に足し算をするときには，この n に何らかの数字が入って，足し算される数がいくつあるかが決まります。

また，

$$E(X) = \sum_{x} x f(x) \tag{4.12}$$

というような Σ 記号の使い方もあります。ここでは，「$\sum$」の下に小さく x と書いてあるだけで，「$\displaystyle\sum_{i=1}^{n}$」のように「$i$ が何から何まで変化する」とは書いてありません。この場合は，「x を可能なすべての数に変化させて，各々の場合で $xf(x)$

を計算して，それらをすべて合計する」ことを表します。

演習問題

本文に出て来た「10 を底とする対数」は，**常用対数**とよばれ，大きな数の計算をするために長い間使われてきました。常用対数について，次の問いに答えてください。

1. $\log_{10} 100$，$\log_{10} 1000$ はいくらですか。
2. $\log_{10} 2 = 0.3010$，$\log_{10} 3 = 0.4771$ と概ね表せることを用いて，6000×300000 を「10 の何乗」の形で表してください。
3. $2^{30} \times 3^{20}$ は何桁の数ですか。

演習問題の解説

1. $\log_{10} 100 = \log_{10} 10^2$ で，本文で述べた $n \log_a p = \log_a p^n$ という関係により $\log_{10} 10^2 = 2 \log_{10} 10 = 2 \times 1 = 2$ です。同様に，$\log_{10} 1000 = 3$ です。
2.

$$
\begin{aligned}
\log_{10} 6000 &= \log_{10}(2 \times 3 \times 1000) \\
&= \log_{10} 2 + \log_{10} 3 + \log_{10} 1000 \\
&= 0.3010 + 0.4771 + 3 \\
&= 3.7781
\end{aligned}
\tag{4.13}
$$

であり，

$$
\begin{aligned}
\log_{10} 300000 &= \log_{10}(3 \times 100000) \\
&= \log_{10} 3 + \log_{10} 10^5 \\
&= 0.4771 + 5 \\
&= 5.4771
\end{aligned}
\tag{4.14}
$$

ですから，

$$
\begin{aligned}
\log_{10}(6000 \times 300000) &= \log_{10} 6000 + \log_{10} 300000 \\
&= 3.7781 + 5.4771 \\
&= 9.2552
\end{aligned}
\tag{4.15}
$$

となります。したがって, 式(4.4)で示した対数の定義により, $6000\times300000=10^{9.2552}$ となります。

解説　$10^{9.2552}=1799699516.57\ldots$ で, 概ね $6000\times300000=1800000000$ になっています。昔は, 大きな数の掛け算をこの手順で行いました。この計算をするためには, 真数と常用対数とを変換する必要がありますが, 変換結果を計算して表にまとめた「対数表」や, 定規の目盛によって変換結果を読み取る「計算尺」が用いられました。

3. $2^{30}\times3^{20}$ の常用対数は

$$\begin{aligned}\log_{10}(2^{30}\times3^{20}) &= \log_{10}2^{30}+\log_{10}3^{20}\\ &= 30\log_{10}2+20\log_{10}3\\ &= 30\times0.3010+20\times0.4771\\ &= 18.572\end{aligned} \tag{4.16}$$

となりますから, やはり対数の定義により, $2^{30}\times3^{20}=10^{18.572}$ となります。演習の 1. からわかるように, 10^{18} は「1 のあとに 0 を 18 個並べた, 19 桁の数」で, 10^{19} は「1 のあとに 0 を 19 個並べた, 20 桁の数」です。$10^{18.572}$ は, 10^{18} と 10^{19} の間にある数なので, 19 桁の数となります。

解説　このように, 常用対数は, ある数を「1 のあとに 0 が何個並んでいるか」で表現する方法, と考えることができます。このとき, 1 のあとに並んでいる 0 の「個数」は, 整数以外の実数に拡張されています。10^{18} は「1 のあとに 0 を 18 個」, 10^{19} は「1 のあとに 0 を 19 個」で, それらの間にある $10^{18.572}$ は「1 のあとに 0 が 18.572 個並んでいる」と考えているわけです。

第5章

関数と式

5.1 関数を式で表す

図 5.1 は，著者がバルセロナ（スペイン）の駅の食堂で見かけた「オレンジ自動絞り機」です。上のカゴにオレンジを入れておくと，オレンジが自動的に 2 つに切断されて搾られ，下からオレンジジュースが出てくる装置です。

図 5.1　オレンジ自動絞り機

関数とは，このオレンジ自動絞り機のように，何かを入れると，何かの作用の結果が出てくるような，数学における仕掛けのことです。数学における関数では，作用の結果が「数」であるものを考えます。関数を英語では function といいますが，数学以外では function には「機能」という訳語があてられています。つまり，何かの数を関数に入れると，特定の機能が働いて，別の数が出てくる，というわけです。

現在では「関数」と書いて「かんすう」と読みますが，昔は「函数」と書いて同じく「かんすう」と読んでいました。「函」とは，「函館（はこだて）」という地名があるように，「はこ」つまり「箱」のことです。中の見えない箱の中に数字を入れると，特定の機能が働いて，何かの数が出てくると考えると，「函数」と

いうのはうまい書き方に見えます[注1]。

5.2 独立変数と従属変数

数学における関数は，作用の結果「何かの数が出てくる」もの，と上で述べましたが，ごくふつうの関数では，入れるものの方も数だけに限定して考えます。このとき，「入れる数」を**独立変数**，「出てくる数」のほうを**従属変数**といいます。独立変数の値は自分で自由に変化させることができ，従属変数の値のほうは，独立変数の値の変化にしたがって変化する，ということになります。

関数は，よく $y = f(x)$ のように書くことがあります。x が独立変数，y が従属変数で，f は「関数の作用」を表します。また，x が独立変数である関数 f を称して「x の関数 $f(x)$」といいます。さらに，独立変数が x で従属変数が y であることを「y は x の関数である」といいます。関数を表す文字として f をよく用いるのは，上で述べた英語 function の頭文字だからです。もちろん，いつも必ず f なのではなく，2 つの関数があったら f と g で表すなど，他の文字も必要に応じて用います。

$f(x)$ という書き方で，独立変数 x を，作用 f をもつ箱に入れることを表します。f を先に，x を後に書き，日本語とは反対の感じがするのは，「変数 x に関数の作用 f が働く」ということを，西洋語での語順で表しているからです。関数 $f(x)$ で，x に例えば 2 を入れた時に出てくる値は，$f(2)$ と書きます。

注1　ただ，歴史的には，「函数」という言葉は「はこ」の意味で名付けられたものではないようです。あくまで説明のうえで「うまい書き方に見える」というだけです。

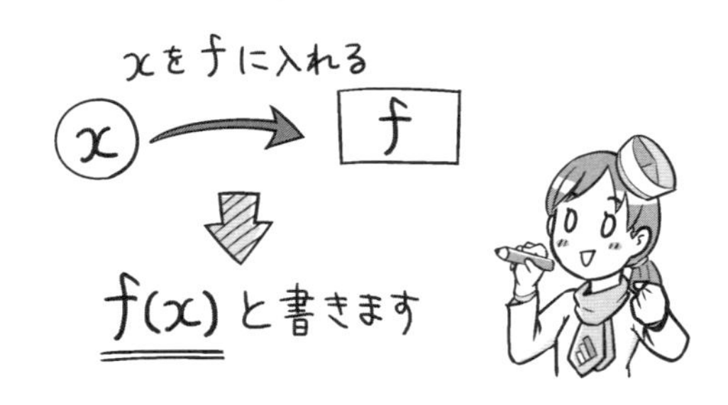

$f(x)$ という表現を，「$f \times (x)$」という掛け算のことだと誤解する人が時々います。この $f(\ )$ という書き方は，「これは関数 f である。なお，関数 f に入れる独立変数は x である。」というように，( ) の中に「なお」以下の情報を書き込んでいます。このような書き方は数学ではよく用いるもので，この本でも，$P(A)$ で「A というできごとが起きる確率」を表したり，また $t_{0.025}(n-1)$ という数も先のほうで出てきます。これらも，$P \times A$ や $t_{0.025} \times (n-1)$ という掛け算ではありません。

5.3 名前のついた関数

数学で関数を扱うときには，関数の「仕掛け」が「独立変数として何の数を入れると，それに何かの計算をして，その答えを返す」というものになっていることがよくあります。例えば，「入れた数を 2 倍して返す」「入れた数を 2 乗して返す」といったものです。高校までの数学の時間に習う関数は皆この種の関数ですし，統計学で扱う関数も，ほぼすべてこの種の関数です。

数学で頻繁に用いられる関数には，その関数で行う計算の名前がついているものが，いろいろとあります。その中で「入れた数（独立変数）を何倍かして，決まった数（独立変数にも従属変数にも関係のない定数）を足す」という計算をするものを，**1 次関数**といいます。また，「独立変数とその 2 乗をそれぞれ何倍かして，さらに定数を足す」という計算をするものを，**2 次関数**といいます。1 次，2 次というのは，独立変数の 1 乗（つまり独立変数そのまま）だけを計算に用いるのが 1 次，独立変数の 2 乗も用いるのが 2 次で，さらに 3 次，4 次，...，も考えることができます。

では，1 次関数を，数式で書いてみましょう。独立変数を x，従属変数を y とするとき，「入れた数を何倍かして，定数を足す」という計算は $y = a + bx$ と書くことができます。ここで，a，b は何かの数字で，a は「何倍かする」という計算で何倍にするのか，b は「定数を足す」という計算でいくら足すのか，をそれぞれ表しています。これらが具体的な数字になると，$y = 2 + 3x$ や $y = 4 + 5x$ のような式になります。a や b が実際にいくらであっても，この式が 1 次関数であることにかわりはありませんから，どんな 1 次関数でも表せるように a，b という文字にしておくわけです。これらの a，b を**パラメータ**といい，パラメータを具体的な数字にすると，1 次関数は 1 次関数でも「どんな」1 次関数なのかがはっきりします。

一方，2 次関数の計算，つまり「入れた数とその 2 乗をそれぞれ何倍かして，さらに定数を足す」という計算は，$y = a + bx + cx^2$ と表すことができます。c は独立変数の 2 乗を何倍するか，b は独立変数自身を何倍するか，a は「定数を足す」の定数はいくらか，をそれぞれ表すパラメータです。

ここで，ちょっと変だなと思った読者もいらっしゃるのではないでしょうか？高校までの数学の時間では，1 次関数は $y = ax + b$，2 次関数は $y = ax^2 + bx + c$ と習ったはずだと。これはその通りで，高校までの数学の教科書には $y = ax + b$，$y = ax^2 + bx + c$ のように書いてあります。これらはどちらも正しい書き方です。数学の教科書にある書き方は，x の 2 乗→ x の 1 乗→定数の順に書くやり方で，**降べき順**といいます。これに対して，上で説明した書き方は，定数→ x の 1 乗→ x の 2 乗の順に書くやり方で，**昇べき順**といいます。

統計学では，昇べき順がよく用いられます。これは，この章の最後にふれるような「データを関数で表す」問題があるときに，まず簡単な $y = a + bx$ を試し，次にこの式を少し複雑にするために後ろに cx^2 を付け足したものを試す，というふうに，考え方を簡単なものから徐々に複雑なものに進めていくためです。

5.4　関数のグラフを描く

では，1 次関数 $y = a + bx$ を，目に見えるようにグラフで描いてみましょう。「関数をグラフに描く」には，まず，数を表す目盛りのついた軸を横方向と縦方向に十字状に重ねた**座標平面**を用意します。座標平面では，平面上のある点の位置が，それが横軸方向で測るといくらの数なのか，縦軸方向で測るといくらの数なのかを調べることで，その点で 2 つの数の組を表すことができます。例えば，図 5.2 の座標平面で，●で表された点の位置は，横軸方向で測ると 3，縦軸方向で測ると4の位置にあるので，3と4のふたつの数の組を表していると考えることができます（細かい目盛りは省略しています）。数学では，この数の組を，横方向を先に書いて $(3,4)$ と表します。なお，縦軸と横軸に O と書いてありますが，O は点 $(0,0)$ を示しています。この点をとくに**原点**とよびます。

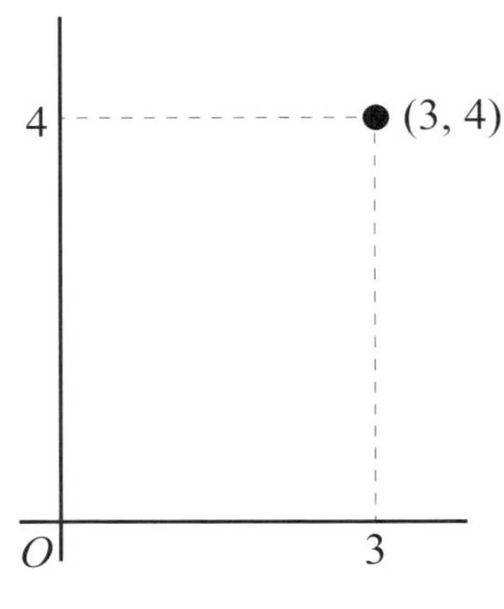

図 5.2　座標平面

さて，関数をグラフに描くためには，独立変数 x の値を横軸上の位置で，従属変数 y の値を縦軸上の位置で表します。横軸上の位置を ***x* 座標**，縦軸上の位置を ***y* 座標**といいます。そして，いま描きたい関数について「x がある値のとき，関数が返す y の値」をいろいろな x について計算して，それらを座標平面の上の位置 (x,y) の点として描いていくことになります。

しかし，x は $1,2,3,\cdots$ のようにとびとびの値に決まっているわけではなく，1.5 でも 1.234 でも，どんな値でもいいわけですから，いくら点を打ってもキリがありません。そこで，上で述べた1次関数や2次関数のグラフを描く場合は，無数の点を並べたグラフがどんな形になるかがあらかじめわかっているので，この知識とパラメータの値を使って，グラフを描きます。次の例題を通じて見てみましょう。

例題　1次関数 $y=1+2x$ のグラフを描いてください。

この関数では，x が 1 増えると，その x が 2 倍される計算をしますから，y は 2 増えることになります。このことは x が 0 のときでも 100 のときでも，いつでも変わらず，つねに「x が 1 増えると，y は 2 増える」のは同じです。このことは，図 5.3 に示すように，「1 次関数のグラフは，一直線状に変化する」ことを示しています。

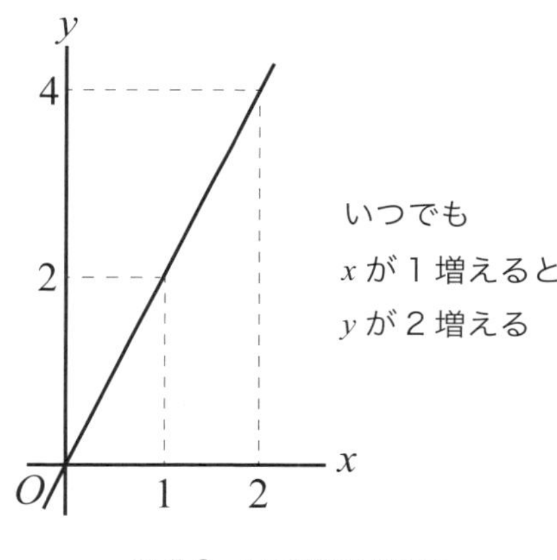

図 5.3　1 次関数のグラフ

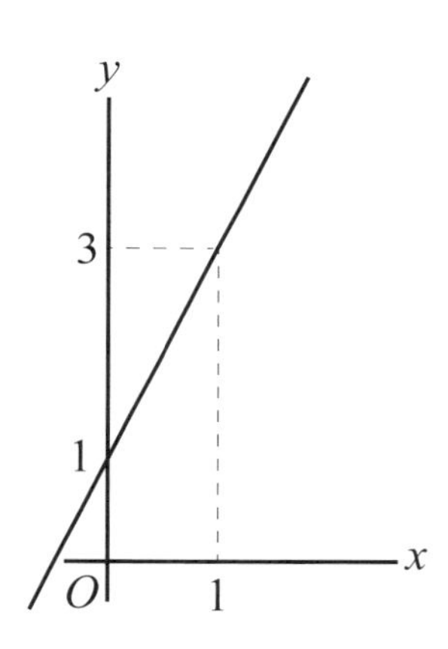

図 5.4　1 次関数 $y = 1 + 2x$ のグラフ

一方，$x = 0$ のとき $y = 1 + 2 \times 0 = 1$ ですから，点 $(0, 1)$，すなわち縦軸上で目盛りが 1 の位置の点は，$y = 1 + 2x$ のグラフの上にあります。したがって，$y = 1 + 2x$ のグラフは，図 5.3 とは少しちがって，x が 1 増えると y が 2 増える直線ではありますが，さらに，「縦軸と目盛りが 1 の位置で交差する」直線になります。このグラフでは，図 5.4 のようなグラフになります。□

数学では，「x が 1 増えると y がいくら増えるか」を表す数を**傾き**といいます。この関係は，1 次関数では傾きが一定なので，下の式で a がどんな数字であっても

$$\text{傾き} = \frac{x\,\text{が}\,1\,\text{増えるときの}\,y\,\text{の変化}}{1} = \frac{x\,\text{が}\,a\,\text{増えるときの}\,y\,\text{の変化}}{a} \tag{5.1}$$

と表されますから，傾きとは「x の変化に対する，y の変化の割合」ということができます。

また，縦軸と交差する位置を y **切片（せっぺん）**といいます。ですから，1 次関数 $y = 1 + 2x$ のグラフは「傾きが 2，y 切片が 1 の直線」となります。同様

に，パラメータ a, b を使って一般的に表した1次関数 $y = a + bx$ のグラフは，「傾きが b，y 切片が a の直線」になります。

さて，こうやって描いたグラフは，先に述べた，「x がある値のときに関数が返す y の値を，いろいろな x について計算して，それらを座標平面の上の位置 (x, y) の点として描いたもの」になっています。逆にいうと，座標平面上のある点 (a, b) を考えた時，その点がグラフの上にあるならば，関数の独立変数 x に a を代入したとき，従属変数 y の値が b になります。これは，「グラフが点 (a, b) を通る」と言っても同じです。次の例題で見てみましょう。

例題　点 $(1, 3)$ は，関数 $y = 1 + 2x$ のグラフの上にありますか。

点 $(1, 3)$ の x 座標である1を，関数 $y = 1 + 2x$ の独立変数 x に代入すると，$y = 1 + 2 \times 1 = 3$ です。これは点 $(1, 3)$ の y 座標と一致していますから，点 $(1, 3)$ は，関数 $y = 1 + 2x$ のグラフの上にあります。あるいは，関数 $y = 1 + 2x$ のグラフは，点 $(1, 3)$ を通ります。□

なお，上の解答では，式 $y = 1 + 2x$ に $x = 1$ を代入すると，$y = 3$ となりました。このことを，「$x = 1$，$y = 3$ は，$y = 1 + 2x$ を**満たす**」あるいは「$x = 1$，$y = 3$ のとき，$y = 1 + 2x$ が**成り立つ**」といいます。

5.5 統計学と関数

この本で扱う統計学では，第8章で説明する「回帰分析」のところで，データに合わせて1次関数のパラメータを決める問題が出てきます。これについて，少し先取りして説明しておきます。

第8章では，「各都市の，緯度と気温」「各受験生の，国語の点数と数学の点数と英語の点数」など，2つ以上の数値の組で表されるデータを扱います。図5.5 (a) は，2つの数値の組で表されるデータを座標平面に描いたもので，**散布図**といいます。例えば，「各都市の，緯度と気温」のデータであれば，横軸に緯度，縦軸に気温をとり，ひとつの都市を座標平面の上のひとつの点で表します。

図5.5 (a) で，散布図の上の点の並びを見ると，左上から右下に向かって，右下がりの直線に概ね沿う形で，点が並んでいることがわかります。そこで，図5.5 (b)

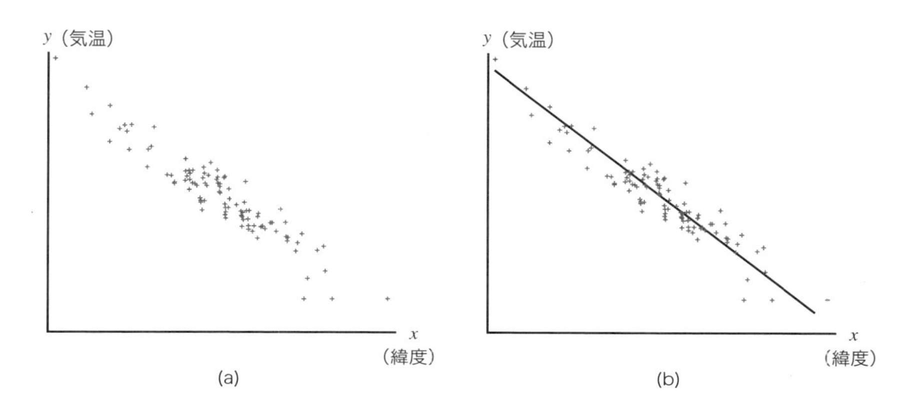

図 5.5　散布図と 1 次関数

のように，散布図上の点に沿うように直線を引いてみます。

この直線を 1 次関数のグラフと考えることにしましょう。そうすると，横軸 x は独立変数，縦軸 y は従属変数ということになります。さきほどの「各都市の，緯度と気温」の例では，緯度が独立変数，気温が従属変数にあたります。つまり，この 1 次関数を考えることは，「ある都市の緯度がわかれば，その緯度から 1 次関数によって気温が決まる」と考えることを意味します。第 8 章で説明する回帰分析は，この関数のパラメータを求める方法です。

なお，散布図上の点は，直線に概ね沿っているだけで，完全に一直線上に並んでいるわけではありません。ですから，「ある都市の緯度がわかれば，その緯度から 1 次関数によって気温が決まる」というのは，完全に正しいわけではありません。1 次関数であるとすることで，点の並びにある程度説明がつく，と考えているのです。このように，データの成り立ちに対して，それを説明する数式を考えたものを**モデル**とよびます。この本では，他にも「確率分布モデル」というものも第 10 章で出てきます。

演習問題

1. 1 次関数 $y = 4 - 2x$ のグラフを描いてください。
2. 2 次関数 $y = 1 + x + x^2$ のグラフは，点 $(1, 2)$ を通りますか。

演習問題の解説

1. この関数のグラフは，傾きが -2 で，y 切片が 4 です。したがって，グラフは図 5.6 の通りとなります。

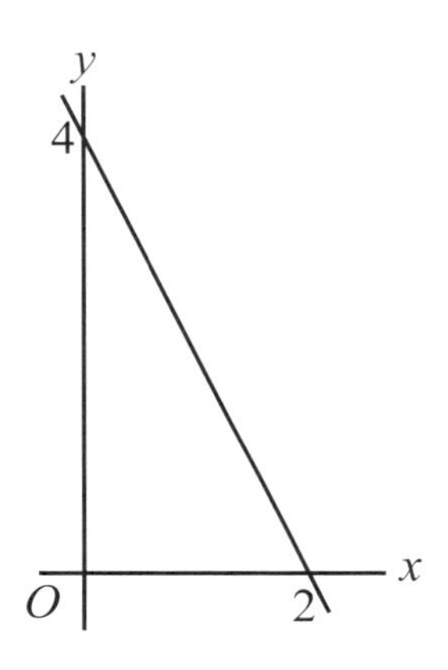

図 5.6　演習 1. の解答

なお，グラフを描くためには，直線と横軸との交点の座標がわかると便利です。横軸の上では $y = 0$ ですから，方程式 $0 = 4 - 2x$ を解くと，横軸と直線が交差するとき x がいくらかがわかります。この方程式を解くと $x = 2$ ですから，直線は横軸上で $x = 2$ の位置を通ります。

2. この関数に $x = 1$ を入れると，$y = 1 + 1 + 1^2$ で，すなわち $y = 3$ です。$y = 2$ にはならないので，$x = 1$，$y = 2$ は $y = 1 + x + x^2$ を満たしません。したがって，この関数のグラフは点 $(1, 2)$ を通りません。
2 次関数のグラフの描き方は説明していませんが，グラフを描かなくても，グラフがある点を通るかどうかは，上のやり方でわかります。

第6章

単位から微分へ，合計から積分へ

6.1 数量についての思い違いの多くは，「単位」と「合計」

「単位」や「合計」という考え方は，小学校で習うだけでなく，日常生活で頻繁に用いるものです。しかしその一方で，数量に関することで思い違いが多いのも，この「単位」や「合計」に関することです。

「あの牛肉は 1000 円もする」といっても，牛肉を何グラム買ったのかがわからなければ，高い肉を買ったのかそれとも安い肉だったのかは，わかりません。そこで，値札にはよく「牛肉　100 グラムあたり 200 円」のように表示されています。これは，誰もが共通に間違いなく理解できる「100 グラム (g)」という量を基準にして，共通の「100g あたり」で牛肉の値段を表しています。100g あたり 200 円の牛肉と 100g あたり 1000 円の牛肉では，間違いなく後者のほうが「高い肉」です。

ここでいう「100g」のような，誰もが共通に理解できて基準となる量を**単位**といいます。ただ，単位というと，「キログラム (kg)」や「メートル (m)」のような「物理単位」に限定してとらえられることも多いので，一般的な量であることを強調するために**単位量**とよぶこともあります。

さて，「100g あたり 200 円」の牛肉を 500g 買うと，「(100g あたり 200 円) × 500g」という計算を行って，値段が 1000 円であることがわかります。この計算は，500g の牛肉は 100g の牛肉が 5 つ分でできていて，そのどれもが 200 円なので，「合計」して 1000 円であるという意味になっています。

また，500g の値段が 1000 円だったとすると，1000 円を 500g で割って，100g あたり 200 円であることがわかります。これらを式で書くと

$$
\begin{gathered}
\frac{200\text{ 円}}{100\text{g}} \times 500\text{g} = 200\text{ 円} \times \frac{500\text{g}}{100\text{g}} = 1000\text{ 円} \\
\frac{1000\text{ 円}}{500\text{g}} = \frac{200\text{ 円}}{100\text{g}}
\end{gathered}
\tag{6.1}
$$

となります。

ここまでの牛肉の話で重要なのは，「500g の牛肉は 100g の牛肉が 5 つ分」の意味あいです。図 6.1 の (a) のように，単位となる 100g の肉と，今から買う 500g の肉の品質が同じときは，上で述べたような，単位を使った表現や合計の計算に

意味があります。しかし，(b) のように，今から買う 500g の牛肉のなかに，単位となる 100g の肉に比べて値段の高い赤身の部分と安い脂身の部分とがあっては，500g の牛肉の値段を上の「合計」の計算で求めることはできません。

図 6.1 「100g あたり 200 円」

また，同様の例として，次の例題を見てみましょう。これは，著者が高校生だったとき，最初の物理の授業で，先生が言ったことです。

例題 次の記述は正しいでしょうか？

> 新幹線は時速 200km で走る[注1]。東京から大阪までは 3 時間かかるから，東京と大阪の間の道のりは 600km である。

「時速」とは，「1 時間あたりに進む道のり」であり，単位量を使った表現のひとつです。また，600km という答えは，「1 時間あたり 200km」という道のりを 3 時間分合計したものです。

注1 当時は，東海道新幹線の最高速度は時速 210km でした。

しかし，この説明は間違っています。新幹線の列車は，東京から大阪までずっと時速 200km（200km/h）で走っているわけではありません。途中の駅にも停まりますし，カーブで減速することもあります。また，駅を出発するときは徐々に加速し，駅に到着するときは徐々に減速します。「時速」は「1 時間あたりに進む道のり」ではありますが，1 時間あたりとはいっても 1 時間のあいだずっと変化しないのではなく，瞬間瞬間で変化しています。だから，(1時間あたり 200km) × (3 時間) = (600km) という単純な合計はできません[注2]。□

この新幹線の例なら，間違っていることはすぐに理解できると思います。しかし，2011 年の東日本大震災における原発事故の際は，「マイクロシーベルト (μSv)」と「マイクロシーベルト毎時（μSv/h)」がきちんと区別されないために，意味不明になってしまった報道がありました。「マイクロシーベルト」で表されるのは（生物学的影響を考慮した）放射線の量なのに対して，「マイクロシーベルト毎時」は，「1 時間あたりの放射線の量」で，単位量を用いた表現です。

さらに，「原発近くで〇ミリシーベルト毎時の放射線を検出，これは 1 時間浴び続けるとレントゲン写真△枚分の被曝に相当…」と報じられると，実際にレントゲン写真△枚分の放射線を浴びたと思ってしまった人が多数いたようです。「〇ミリシーベルト毎時の放射線を 1 時間浴び続けたとすれば」といいますが，実際にはおそらく，その放射線は 1 時間の間ずっと出続けていたわけではないと思います。もしかしたら，その放射線は一瞬出ただけだったかもしれません。それなのに，さきほどの新幹線の例のように，勝手にその放射線が 1 時間出続けていたと思い込んで，単純に合計を計算してしまったわけです。

このように，単位量あたりの値段がばらばらだったり，単位時間あたりに進む道のりや放射線量が瞬間瞬間で違うような場合に，「単位」をどのように考えるかを扱う数学が「微分」で，「合計」をどのように考えるかを扱う数学が「積分」です。微分・積分というと，むずかしい数学の代名詞のようになっていますが，ここまでの単位と合計の考えを「どこでも一様・いつでも一定」ではない場合に拡張した考え方で，けっしてむずかしいものではありません。以下の節で，これらについて見ていきましょう。

注2　なお，東海道新幹線の東京駅から新大阪駅までの実際の道のりは，515.4km です。

6.2 単位から微分へ

微分の考えを説明するために，もう一度さきほどの「速度と道のり」の例を考えてみましょう。自動車に乗って，1 時間に 60km 進んだとします。もしも，途中で休憩も寄り道もせず，速度を上げも下げもしていないのなら，この間の速度[注3]は時速 60 キロメートルで，これを 60km/h と書きます。h は “hour”（1 時間）のことです。

途中で寄り道していないかどうかはわかりませんが，自動車で 1 時間走る間に，速度をまったく上げも下げもしていないというのは考えにくいことです。そこで，途中の速度の変化はとりあえずなかったことにして，この 1 時間に 60km 進んだのはたしかなので，これを「この 1 時間の**平均速度**は 60km/h である」といいます。この場合は，単位となる時間を 1 時間としていて，1 時間あたりに進んだ道のりが 60km だから，平均速度が 60km/h だと言っています。

さて，1 時間に 60km 進んだときの平均速度は 60km/h ですが，「1 分間に 1km 進んだ」ときも，

$$\frac{1\text{km}}{1\,\text{分}} = \frac{60\text{km}}{60\,\text{分}} = \frac{60\text{km}}{1\,\text{時間}} \tag{6.2}$$

ですから，この 1 分間の平均速度は，やはり 60km/h です。この場合は，単位時間は 1 分間です。さらに，1 秒間に 16.7m 進んだ時も，0.01 秒間に 16.7cm 進んだ時も，やはり平均速度は 60km/h です。いくら単位時間を短くしても，「その間の平均速度が 60km/h」という例を考えることはできます。でも，0.01 秒間

注3　物理学では，「速度」は「速さ」と「進む方向」の両方を併せ持つ量を意味しますが，ここでは速度という言葉を，方向に無関係の「速さ」の意味で使っています。

というそんな短い時間に，寄り道したり，速度を上げ下げしたりできるでしょうか？ 0.01 秒間なら，途中の速度の変化は「とりあえずなかったことにする」のではなく「ないと思っていい」のではないでしょうか。

このようにして，1 秒間，0.01 秒間と，途中の速度の変化がないくらいに時間を短くしても，その間の平均速度が 60km/h なら，これを「**瞬間速度**が 60km/h」であるといいます。つまり，単位となる時間をどんどん短くして，途中の速度の変化がないくらいに短くしたときの速度が，瞬間速度です。

ところで，「0.01 秒間という短い時間なら，途中の速度の変化はないと思っていい」と書きましたが，中には「自分は動きが素早いから，0.01 秒の間に速度を変えられる」と異議を唱える人がいるかもしれません。このように「0.01 秒間は短い時間ではない」という異議を唱える人が現れたときは，単位時間の 0.01 秒間を 0.001 秒間にして，それでもその 0.001 秒間の平均速度が 60km/h なら，瞬間速度はやはり 60km/h といえます。それでも異議を唱える人がいたら，0.0001 秒間にすればよいのです。

このように，「異議を唱える人がいたら，それに応じていくらでも短くできる時間」を，数学では「**十分（じゅうぶん）**短い時間」といい，異議に応じていくらでも時間を短くすることを，「時間が 0 に近づくときの**極限**をとる」といいます。この場合は，単位時間が 0 に近づくときの極限をとっているわけです。

ここまでの時間と道のりの関係を，関数とグラフで描いてみましょう。図 6.2 のグラフは，横軸で時間，縦軸で進んだ道のりを表していて，横軸の各時刻までに進んだ道のりが，グラフの線で表されています。横軸で 1 時間が経つと，縦軸で 60km 進んでいますから，この 1 時間の平均速度は 60km/h です。

図 6.2 ではグラフは直線で，横軸で 1 時間進むと縦軸で 60km 進んでいます。前章で 1 次関数のグラフを扱いましたが，そのとき「x（横軸）の変化に対する，y（縦軸）の変化の割合」をグラフの傾きといい，1 次関数では傾きが一定なのでグラフは直線になる，という説明をしました。このグラフが直線であるということは，このグラフは 1 次関数を表しており，傾きが一定であることを示しています。傾き，すなわち「x の変化に対する，y の変化の割合」は，この例の場合は平均速度，すなわち「横軸で 1 時間（あるいは 1 分，1 秒など単位時間）進むと縦軸で何 km 進むか」と同じことです。

つまり，傾きが一定ということは，拡大図で示すように，1 分間，1 秒間，0.01 秒間とどんなに短い単位時間をとっても，その間の平均速度は変わらず，いつも

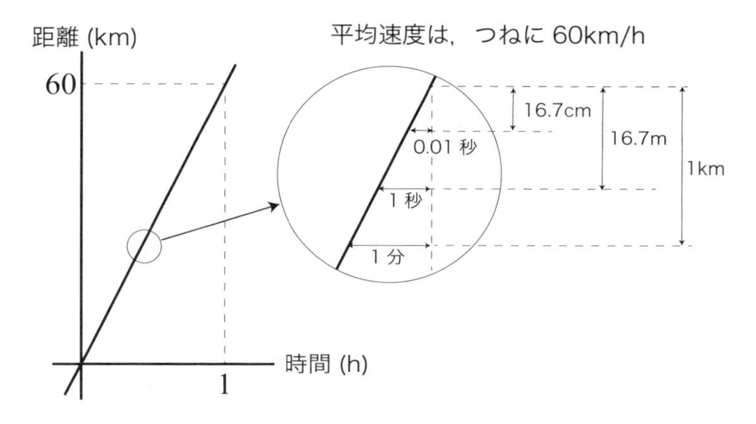

図 6.2 時間と道のり (1)

60km/h です。1 時間のうちのどの時刻においてもこれは同じですから，この図の例では，瞬間速度はいつも 60km/h です。つまり，単位時間あたりに進む道のりは，いつでも，どんな時間を単位にとっても一定です。

一方，図 6.3 の例を見てみましょう。この図では，グラフは直線ではなく，ぐにゃぐにゃ曲がっています。このグラフでは，1 時間の平均速度は 60km/h であっても，途中でより速くなったところでは，たとえば横軸で 1 分進む間に縦軸でたくさん進むので，グラフの傾きが急になります。また，より遅くなったところでは，横軸で 1 分進む間に縦軸で少ししか進まないので，グラフの傾きは緩く

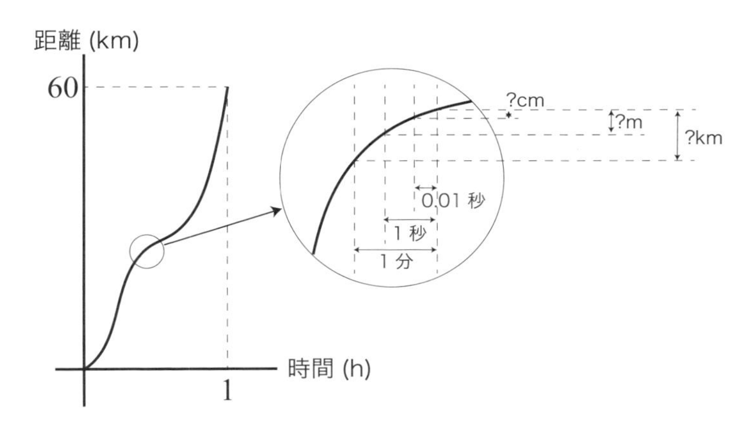

図 6.3 時間と道のり (2)

なります。このときは，拡大図で示すように，1 分間，1 秒間，0.01 秒間，...，と時間を短くしていくと，その間の平均速度は変わっていきます。つまり，単位時間をいつ，どんな長さにとるかで，単位時間あたりに進む道のりが変わってしまうのです。

そこで，先ほどの瞬間速度の考えを用いて，ある時刻 x から t 秒後までの平均速度を考え，t が $1, 0.01, 0.001, \ldots$ までの間の平均速度を考えて，t が十分短い時間のときの平均速度を，ある時刻 x での瞬間速度と考えます。

これを式で書くために，時刻 x までに進んだ道のりを関数 $f(x)$ で表し，図のグラフは関数 $f(x)$ のグラフと考えます。すると，時刻 x から t 秒後までの t 秒間の平均速度は，時刻 $x+t$ までに進んだ道のり $f(x+t)$ と，時刻 x までに進んだ道のり $f(x)$ との差を，t 秒間で割って求められ，

$$\frac{f(x+t)-f(x)}{t} \tag{6.3}$$

で表されます。瞬間速度，すなわち t が「十分」短い時間のときの平均速度は，t が 0 に近づくときの極限をとったときの平均速度ということになりますが，これを数学では

$$\lim_{t \to 0} \frac{f(x+t)-f(x)}{t} \tag{6.4}$$

という記号で表します。$\lim\limits_{t \to 0}$ で，「t が 0 に近づくときの極限」を表します[注4]。

上の式 (6.4) は，ある時刻 x での瞬間速度を求める式ですが，x がどの時刻であっても同じ計算で瞬間速度が求められますから，この式は「時刻 x に対して，その時刻での瞬間速度を表す関数」であると考えられます。この新しい関数を，関数 $f(x)$ の**導関数**といい，$\dfrac{d}{dx}f(x)$ あるいは $f'(x)$ という記号で表します。また，導関数を上の式で求めることを「関数 $f(x)$ を x で**微分**する」といいます。微分によって，瞬間速度が刻々と変化して一定でない場合でも，いろいろな時刻での瞬間速度を考えることができます。

この本では，第 8 章で「回帰分析」を取り扱うときに，この分析を行うのに必要な「最小 2 乗法」を説明するさいに，微分の具体的な例を示します。

注4　lim は，ラテン語で「極限，限界」を意味する limes（英語の limit）からきた記号です。

6.3 合計から積分へ

前節では，各時刻までにどれだけの道のりを進んだかを表すグラフをもとに，ある時刻での瞬間速度を求める考え方を述べ，これを「微分」とよぶことを説明しました。今度は逆に，各時刻での瞬間速度を表したグラフをもとに，ある時刻までに進んだ道のりを求める考え方を説明します。

図 6.4 は，横軸に時間，縦軸に今度は速度をとったグラフです。このグラフは，縦軸の 60km/h のところで横一直線になっていますから，1 時間を通じて速度はつねに 60km/h だったことを示しています。このときの 1 時間で進んだ道のりは，60km/h × 1 時間 = 60km です。

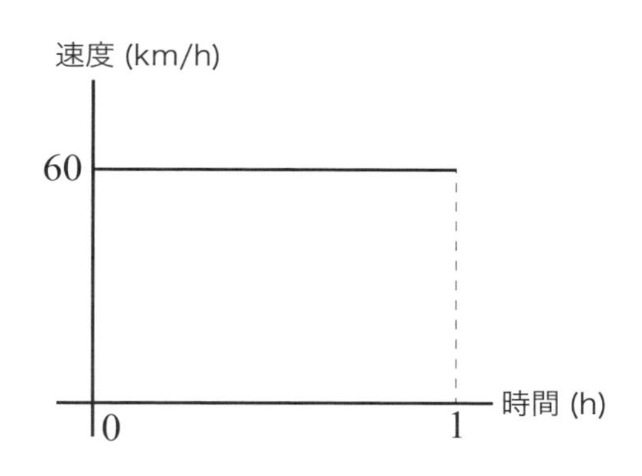

図 6.4　時間と速度 (1)

では，図 6.5 の場合はどうでしょう。このグラフでは，時刻 0 から 30 分間（0.5 時間）は 30km/h，そのあとの 30 分間は 60km/h だったことを表しています。このときの 1 時間で進んだ道のりは，はじめの 30 分が 30km/h × 0.5 時間 = 15km，あとの 30 分が 60km/h × 0.5 時間 = 30km で，合わせて 45km です。

この 2 つの例では，速度が一定のとき，「(進んだ道のり) = (速度) × (かかった時間)」という関係を用いました。この関係をグラフの上で表すと，図 6.6 のように，（速度）が縦軸上のグラフの位置で，それらの掛け算である（進んだ道のり）は，（かかった時間）が横軸で表されていますから，グラフの下の長方形の面積で表されていることがわかります。

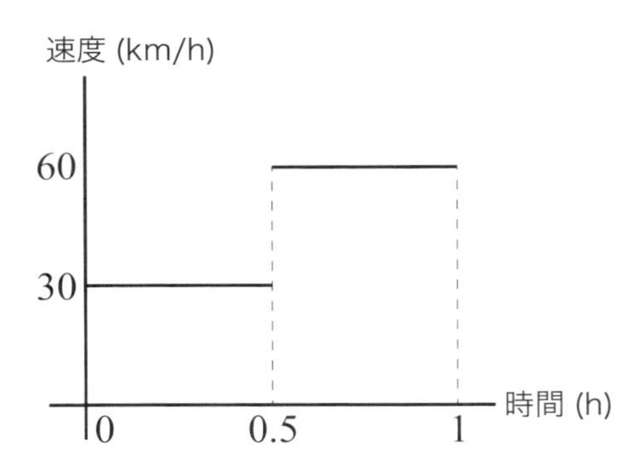

図 6.5　時間と速度 (2)

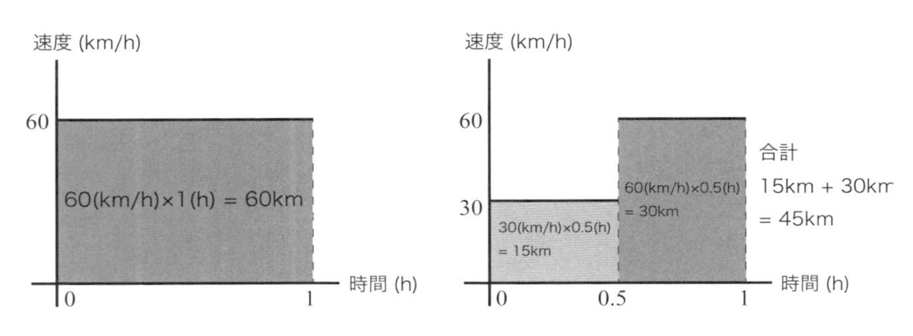

図 6.6　進んだ道のりは，面積

では，図 6.7 のように，速度がつねに変化している場合は，どうすれば進んだ道のりを求められるでしょうか？この場合，速度が変化しているので，「(進んだ道のり) = (速度) × (かかった時間)」という関係を簡単に使うことができません。しかし，図 6.5 のように速度が 2 通りある時には，速度が一定の 2 つの部分に分けて，それぞれで「(進んだ道のり) = (速度) × (かかった時間)」という計算，つまり，長方形の面積を求める計算をして，あとで合計しました。そこで，図 6.7 のように速度がつねに変化している場合でも，図 6.8 のように，速度が一定の短い時間で区切って，それぞれで短冊のような細長い長方形の面積を求める計算をして，あとで合計するという方法を考えてみましょう。

この場合，「速度が一定の短い時間」とは，どのくらい短い時間でしょうか。ここで，前節の「微分」と同じ考えを用います。区切った時間の幅を 1 秒，0.1 秒，0.01 秒と短くしていくと，その短い間の速度の変化はなく，前節で述べた瞬間速

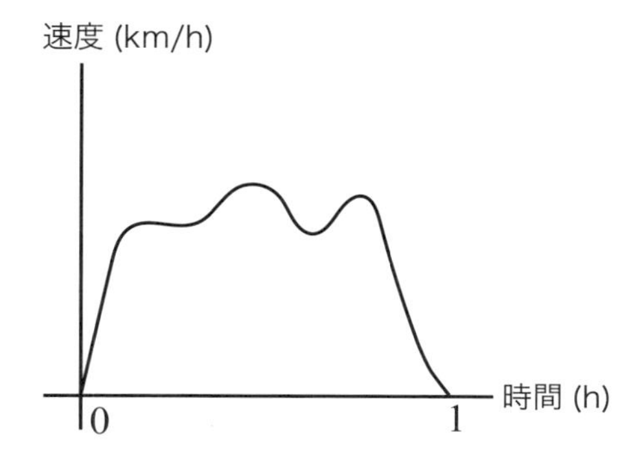

図 6.7　時間と速度 (3)

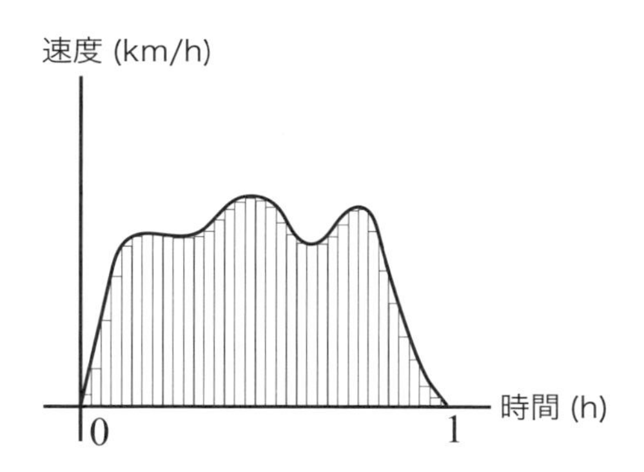

図 6.8　多数の長方形に分ける

度で進んでいるとみなすことができます。もしも「自分は素早いから，0.01 秒の間に速度を変えられる。0.01 秒間は短い時間ではない」と異議を唱える人が現れたときは，0.01 秒間を 0.001 秒間，0.0001 秒間，...，にして，その間は瞬間速度で進んでいるとみなせるようにします。つまり，区切った時間の幅を十分短い時間にすればよいのです。これも，微分のときと同じように，区切った時間の幅が 0 に近づくときの極限をとる計算になります。

これを式で書くために，図 6.9 のように，時刻 x での瞬間速度を関数 $f(x)$ で表し，グラフは関数 $f(x)$ のグラフと考えます。また，時間の十分短い区切り幅が何秒間かは，異議の出され方によって違いますから，これを「x の短い幅」を表す dx という記号で表します。このとき，ある時刻 x からの短い時間の幅 dx の間に進む道のりは，「(進んだ道のり) = (速度) × (かかった時間)」で，このと

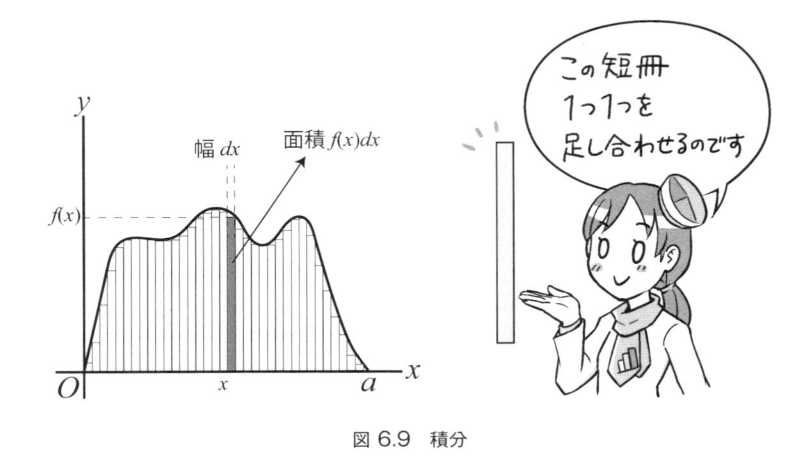

図 6.9　積分

きの速度は瞬間速度 $f(x)$ ですから，短い時間の幅 dx の間に進む道のりは，短冊形の長方形の面積で $f(x)\,dx$ となります。そして，時刻 0 から時刻 a まで進む場合，$x = 0$ から $x = a$ までにあるこれらの短冊の合計が，全体での進んだ道のりとなり，これを

$$\int_0^a f(x)\,dx \tag{6.5}$$

という記号で表します。このようにして，速度が変化していても進んだ道のりを求めることができます。この計算を**積分**といい，上の式は「関数 $f(x)$ を 0 から a まで積分する」といいます。なお，式の左端にある縦に長い記号は「インテグラル」と読み，あとの $f(x)\,dx$，つまり短冊の面積を，合計するという意味を表しています[注5]。

ところで，前節とこの節を見ると，「進んだ道のりを微分すると，速度」「速度を積分すると，進んだ道のり」という関係があることがわかります。微分と積分は，それぞれ「単位」と「合計」から発展した計算ですが，互いに逆の計算をしています。

注5　$\int$ は，「合計」という意味のラテン語 summa（英語の summation）の頭文字 S を長く引き伸ばしてできた記号で，ドイツの哲学者・数学者ライプニッツが初めて用いたといわれています。

6.4 確率密度について

この本では，第 10 章と第 13 章で「連続型確率分布」を説明するときに，「確率密度」という考え方が出てきます。確率密度と確率は，積分によって関係づけられています。これについて，第 13 章で取り扱う例題の一部を使って，先取りして説明しておきます。

例題　1 秒毎にステップ式に動くのではなく，連続的に動く秒針があるとします。あなたは，好きなときにボタンを押して秒針を止めることができます。針を見ずにあなたがボタンを押したとき，針が 0 時の位置から 3 時の位置の間に止まる確率はいくらですか。

ふつうの時計のように，単位時間あたりに針が進む角度が一定であれば[注6]，0 時から 3 時が 1 周の $\frac{1}{4}$ にあたることから，0 時から 3 時の位置に針が止まる確率は $\frac{1}{4}$ です。

これを，グラフで表したのが図 6.10 (a) です。このグラフの横軸は文字盤上の位置で，縦軸は「ある位置での針の止まりやすさ」を表しています。単位時間あたりに針が進む角度が一定であれば，針の止まりやすさはどの位置でも一定ですから，グラフはこのように横一直線になります。このとき，0 時から 3 時の位置に針が止まる確率が $\frac{1}{4}$ というのは，「針の止まりやすさ」を 0 時から 3 時まで積分したもの，つまりグレーの部分の面積が，0 時から 12 時まで 1 周分積分したものの $\frac{1}{4}$ であることをいっています。

では，単位時間あたりに針が進む角度が一定ではなくて，0 時から 6 時まで針が下に進むときは速く，6 時から 12 時まで上に進むときは遅い場合はどうなるでしょうか。この場合は，0 時から 6 時までは通過する時間が短いので，ボタンを押したときにこの範囲には止まりにくくなり，逆に 6 時から 12 時までは止まりやすくなります。グラフに描くと，図 6.10 (b) のようになります。

この場合でも，(a) の場合と同様に，0 時から 3 時の位置に針が止まる確率は，グレーの部分の面積，すなわち「針の止まりやすさ」を 0 時から 3 時まで積分し

注6　これを，針の「角速度」が一定である，といいます。

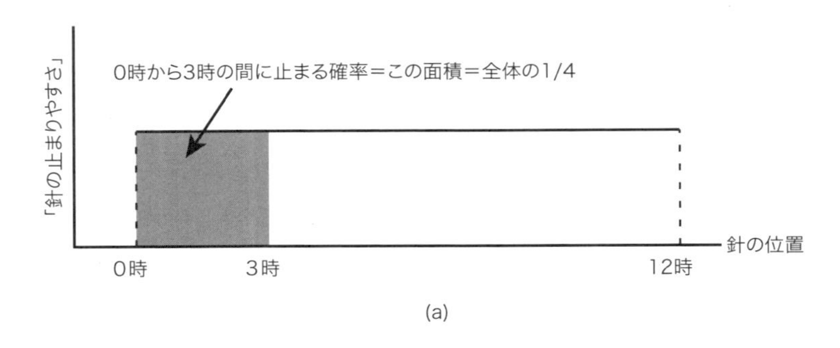

(a)

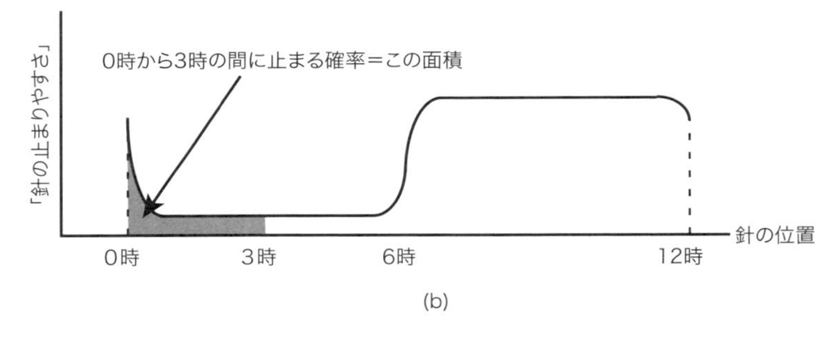

(b)

図 6.10　時計の針がある範囲に止まる確率

たものの，と考えることができます。つまり，このグラフの縦軸で表されている「針の止まりやすさ」は，ある範囲で積分すると，その範囲に針が止まる確率になります。この「針の止まりやすさ」は，確率ではなく「積分したら確率になるもの」で，これを「確率密度」とよんでいます。

演習問題

1. 次の 2 つのは，意味がどう違うでしょうか。
   (a) A 市では，今日の午後 3 時から 4 時までの 1 時間に，100 ミリの猛烈な雨を記録した。
   (b) A 市では，今日の午後 3 時現在，1 時間あたり 100 ミリの猛烈な雨が降っている。
2. 電車が駅を出発してからの時間と速度の関係が，図 6.11 のグラフに示す直線の関係になっているとします。このとき，出発から 10 秒後までに進む距離を求めてください。

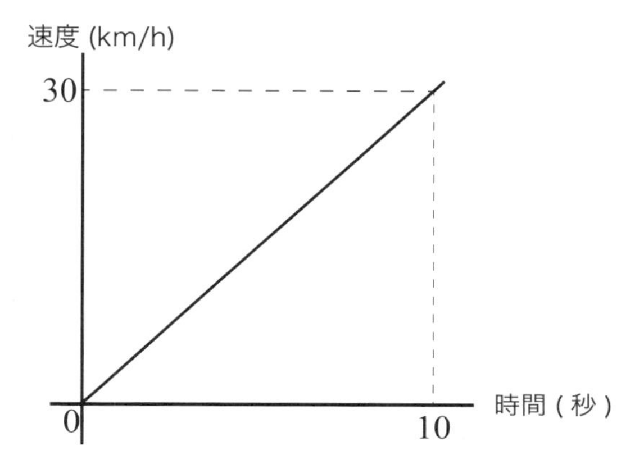

図 6.11 時間と速度の関係

演習問題の解説

1. (a) では，午後 3 時から 4 時までの間に降った雨の合計が 100 ミリで，実際にそれだけの雨が降っています。これに対して，(b) では，1 時間降り続いたとすれば100 ミリになるほどの勢いの雨が午後 3 時の時点で降っているという意味で，この雨がどれだけ続くかはわかりませんし，1 時間後までに降る雨の合計が何ミリになるかもわかりません。
2. 出発から 10 秒後までに進む距離は，このグラフで表される関数を出発（時刻 0）から 10 秒後まで積分したものです。これは，図 6.12 のグレーの部分の面積で，

$$
\begin{aligned}
\text{面積} &= \frac{1}{2} \times 30(\mathrm{km/h}) \times 10(\text{秒}) \\
&= \frac{1}{2} \times \frac{30}{3600}(\mathrm{km}/\text{秒}) \times 10(\text{秒}) \\
&= 0.042(\mathrm{km}) = 42(\mathrm{m})
\end{aligned}
\tag{6.6}
$$

となります。

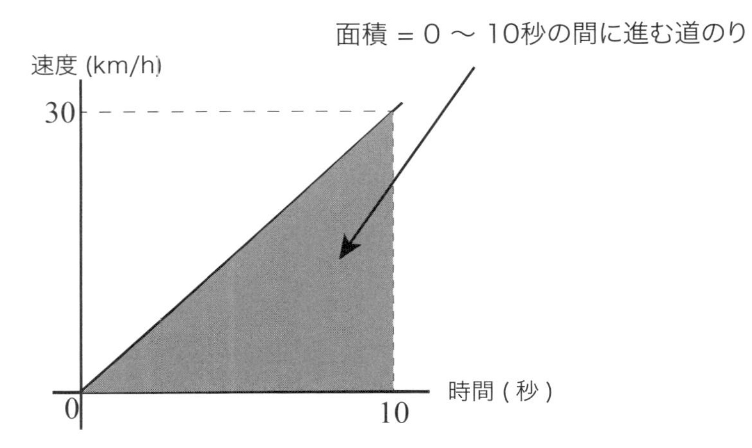

図 6.12　時間と速度の関係

第2部

統計学基礎編

統計学には
分布しているデータが
必要なのです
ぶんぷ？
① みんな同じ数値だと
統計学は出番なし
テストで
100点！
私も！
俺も！
② 大小ばらばらの集まり＝
分布しているデータ
100
75
60
50
45
20
0
あらあら
③ 数値がばらついていたら
統計学の出番！
平均値
中央値
0点
50点
100点
ばらばらのデータは
面白いけど、
自分が0点とるのは
嫌ニャ…
フッ…
確かに…

第7章

データの分布，平均と分散

7.1 統計学と量的データ

統計学は，調査や実験で集められた**データ**を対象とし，データから役に立つ情報を取り出す技術・学問です。人間は，集められたデータを一目見ただけで，情報が取り出せたり判断が下せるほど，賢くはありません。そこで，データに対して計算をしてデータを要約したり，データの成り立ちにある程度の見当をつけたものである「モデル」をあてはめて，成り立ちに関する情報を得る，ということが，統計学のしていることです。

最近では，情報を取り出すのは人間だけではありません。将棋や碁の名人に勝ったり，人間の医師が気づかなかったような病気の治療法を見つけるなど，最近になって目覚ましい成果をあげている「人工知能」は，データを「学習」しているといわれています。ここでいう学習とは，コンピュータがデータを自分自身で理解できる形に要約し，それをもとに，将棋でどのような手を指すか，どんな治療法を採用するかなどの，判断や行動を行うことです。その要約は，必ずしも人間に理解できる形とは限りません。ですから，将棋をコンピュータが指す手について，「なぜその手を指すのか」は，名人にもわからないこともあるようです。

さて，この本では，人間に理解できる情報を取り出す伝統的な統計学を取り扱います。この本で取り上げる統計学の手法では，データの中でも**量的データ**を扱います。数字で表されているデータはどれでも「量的」ではないかと思われるかもしれませんが，「数」は必ずしも「数量」ではありません。例えば，クイズで 3 つの選択肢から答えを選ぶ「三者択一問題」というのがありますが，そこで選択肢が「1 番・2 番・3 番」で表されていたとしても，この 1，2，3 は単なる選択肢の名前であって，「(a) (b) (c)」と書いても同じですから，数量としての意味はありません。また，選択肢が「1. とても悪い　2. 悪い　3. 普通　4. 良い　5. とても良い」のようになっていて，選択肢に順序がある場合でも，「とても良い」と「良い」の差がいくら，ということは書いてありませんから，これも数量としての意味はありません。これらは，前者は**名義尺度**，後者は**順序尺度**によるデータといい，これらを合わせて**質的データ**といいます。

では，量的データとは何かというと，それは数値の間で足し算や引き算ができるデータのことです。足し算ができると数値の平均を計算することができますし，引き算ができると数値の間の差を考えることができるからです。例えば，「摂氏温度」は，「平均気温」のように足し算を使って平均を計算することができ

データの種類	意味
量的データ	足し算引き算ができるデータ
質的データ	足し算引き算ができないデータ

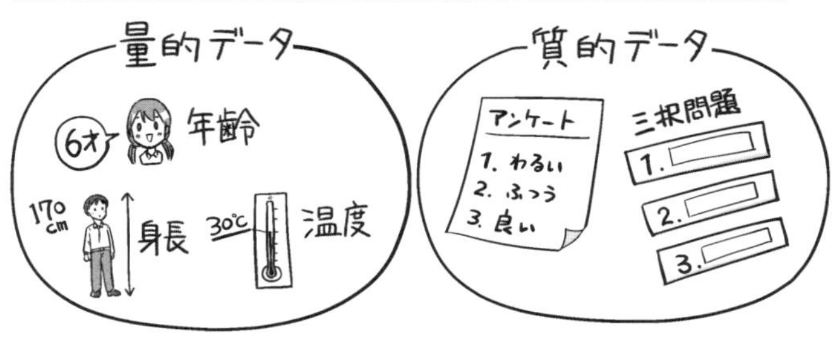

ますし，「0°C と 10°C の差」と「10°C と 20°C の差」はどちらも 10 度で，同じ意味があります。ただし，20°C が 10°C の 2 倍暖かいという意味はありません。もしそうなら，20°C は −10°C の何倍暖かいのか？ということになってしまいます。このような量的データは，**間隔尺度**によるデータといいます。一方，年齢や重量のように，数値間の比率にも意味があるデータは，**比例尺度**によるデータといいます。例えば，40 歳の人は 20 歳の人の 2 倍の年数を生きていますから，年齢は比例尺度です。

本書では，「データ」とは数値の集まり（集合）をさすものとし，データに含まれる個々の数値は「数値」とよぶことにします。データに含まれる数値がたくさんあることを，データの大きさ，あるいはデータサイズが大きいといいます。データについてこういう言い方を用いることは，最近「ビッグデータ」という言葉がよく聞かれることでもわかります。このとき，「データ数が多い」とはいわないことに注意してください。これは，英語の data は，数値の集まりをひとまとめにした「集合名詞」だからです。日本語では，例えば「家族」が集合名詞のような言葉です。ひとつの家族に属する人の数が多いときは，その家族は「大家族」といい，「多家族」とはいいません[注1]。

注1　data は，もともとは「与えられた（もの）」という意味のラテン語 datum の複数形です。

7.2 「分布するデータ」「データの分布」とは

分布は，統計学では非常に重要な概念です。

量的データが「分布する」「分布している」とは，ある測定対象や現象から得られる量的データが，大小ばらばらの数値で構成されている，という意味です[注2]。例えば，「ある野球選手が 1 試合に打つヒットの数」というデータは，どの試合でも必ず同じ本数だけヒットを打つわけではなく，試合によって打つ本数は違いますから，分布しています。また，「日本男性の身長」というデータは，身長は人によってばらばらですから，分布します。さらに，大小ばらばらの数値からなるデータを，そのばらつきのようすがわかる形で表したものを「分布」という名詞で表します。先の例であれば，「ヒットの数の分布」「身長の分布」という言い方をします[注3]。

現実の調査対象についてデータを集めると，そのデータには大小いろいろな数

注2 「布」という漢字は，もとは「平らに敷きのばす」という意味なのだそうです。いまでも，「散布」「配布」「流布」など，「まきちらす」の意味に用いられています。

注3 「分布する」「分布」という言葉がわかりにくい理由のひとつに，この言葉が「翻訳調」だということがあります。前者は「数値が大小ばらばらであること」を指しているのに，後者は「大小ばらばらの数値の集まり」という「モノ」を指しています。英語などでは「コト」と「モノ」をあまり区別しないのに対して，日本語はこれらを区別する傾向があります。少し前の Windows では，「更新をダウンロードします」という表示があって，「更新」はコトであってモノではないのに不自然だなと思っていました。これは，英語の update を直訳したからだと思われます。現在の Windows では「更新プログラムをダウンロードします」と表示されています。

値が含まれていて，データが分布しているほうが自然です。選挙で，ある党の得票率が100％だとしたら，その選挙は自由な選挙とは思えません。統計学は，調査や実験で集めたデータを対象にしていますから，統計学が対象にするのは分布しているデータです。ひとつの党の得票率が100％の選挙では，得票予測も開票速報も必要なく，統計学の出番はありません。

7.3 度数分布

この章の最初にも述べたように，人間は，分布するデータを一目見て，それが「どういう」分布なのかを直ちに理解することができません。そこで，分布するデータ，すなわち大小ばらばらの数値でできているデータが，「どのように」ばらばらかを，人間にわかる何らかの形で表現する必要があります。

その代表的な方法が，分布しているデータの中に「どんな数値がどのくらい頻繁に現れるか」を数量で表現する方法です。例えば，「ある野球選手が1試合に打つヒットの数」で言えば，ヒットの数が0本である試合が何試合，1本である試合が何試合，…」というように分布を表現することができます。このように，どのくらい頻繁に現れるかを表す量を**度数**といいます。また，度数を「何試合」と数えるのではなく，全体の試合数に対する割合で「何％」のように表すほうが，試合数の違ういろいろな分布を比較するのに便利です。このように割合で表した度数を，とくに**相対度数**といいます。このようにして，度数を使って表現された分布を**度数分布**といい，度数分布を表の形式で表したものを**度数分布表**といいます。

一方，「日本男性の身長」のようなデータの場合は，身長は「測る」もので，ヒットの数のように「0本，1本，…」と「数える」ことはできません。そこで，「…，

160cm 以上 165cm 未満の人が何 %，165cm 以上 170cm 未満の人が 何 %，…」のように，数量をある間隔をもつ段階に区切って，各段階に入る数量がどのくらい頻繁に現れるかで分布を表現します。この段階を**階級**といい，ひとつの階級に入る値の範囲を**階級幅**といいます。

このとき，「169.4cm 以上 169.5cm 未満の人が 何 %，169.5cm 以上 169.6cm 未満の人が 何 %，…」などとあまりに細かい話をしても，分布の特徴を把握することはできませんから，適当な間隔の階級を用いる必要があります。

度数分布の作り方について，次の例題で見てみましょう。

例題　あるクラス 50 名の試験の得点が

35　62　65　23　40　30　70　55　57　65　15　90
67　65　70　45　80
79　46　45　25　50　62　75　78　48　50　60　75
75　60　78　58　78
63　95　20　46　55　56　70　60　79　18　63　67
85　25　40　50

だったとします。このとき，階級幅を 10 点，一番点数の低い階級は 15 点以上 25 点未満として，度数分布表を作ってください。

階級を「15 点以上 25 点未満」，「25 点以上 35 点未満」，. . . ，として，各階級に入る数値の個数，つまり度数を数えて，表に書き込んで行きます。「95 点」という数値は 85 点以上 95 点未満の階級に入れます。こういう場合，度数を数えるときには，「正」の字を書く，4 本の縦棒に 1 本の横棒を重ねる，などの，5 ごとにまとめて数える方法がよく用いられます。

なお，現在ではいちいち手で数値を数えることはほとんどなく，パソコンに数値を入力しておいて，データの整理や計算を行うのがふつうです。パソコンを使えば，もっと大きなデータでも，一瞬で表ができてしまいます。しかし，パソコンで自動で計算をすると，計算のプロセスが見えないために，思わぬ誤りを見過ごすことがよくあります。度数分布表に限らず，データに対してどのような計算をするときでも，パソコンを使うときは，その一部を手計算で検算することを勧めます。

度数分布表を作った結果は次のようになります。

表 7-1 度数分布表

以上	未満	階級値	度数	相対度数
15	25	20	4	0.08（8%）
25	35	30	3	0.06（6%）
35	45	40	3	0.06（6%）
45	55	50	8	0.16（16%）
55	65	60	12	0.24（24%）
65	75	70	8	0.16（16%）
75	85	80	9	0.18（18%）
85	95	90	3	0.06（6%）
			計 50	計 1（100%）

相対度数のところには「0.08（8%）」のように書いてありますが，これは単位のつけ方の違いで，どちらでもかまいません。相対度数，すなわち「$\frac{\text{各階級の度数}}{\text{全体の人数}}$」をそのまま書く場合は単位をつけませんが，百分率，すなわち「100 人あたりにしていくら」で書く場合は，100 倍した数値に「%」をつけます。

ところで，表の左から 3 列目に**階級値**というのがあります。これは，各階級の上限下限の中間の値で，その階級に入った数値（すなわち試験の得点）は，どれも概略この値であると考えます。□

7.4 ヒストグラム

度数分布を目に見えるようにするために，横軸に階級，縦軸に度数（相対度数）をとり，階級幅を底辺，度数を面積とする柱で各階級の度数を表したグラフを，**ヒストグラム**といいます。

ヒストグラムは，図 7.1 のような棒グラフとは違い，図 7.2 のように柱の間隔を空けずに描きます。このように，柱の間隔を空けずに描くのは，棒グラフとは違って横軸上の長さに意味があるからです。図 7.1 の棒グラフでは，横軸上の長さは数値とは無関係で，棒の間隔はただ見やすいように適当にとってあるだけです。一方，図 7.2 のヒストグラムでは，横軸上の柱の幅が階級幅（ここでは 10

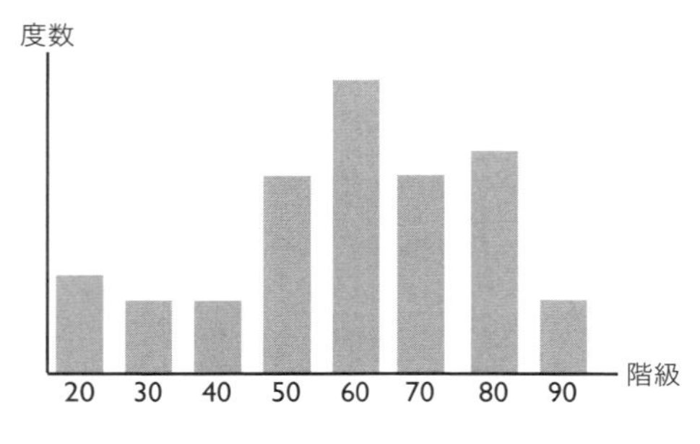

図 7.1　ヒストグラムはこんなふうには描かない

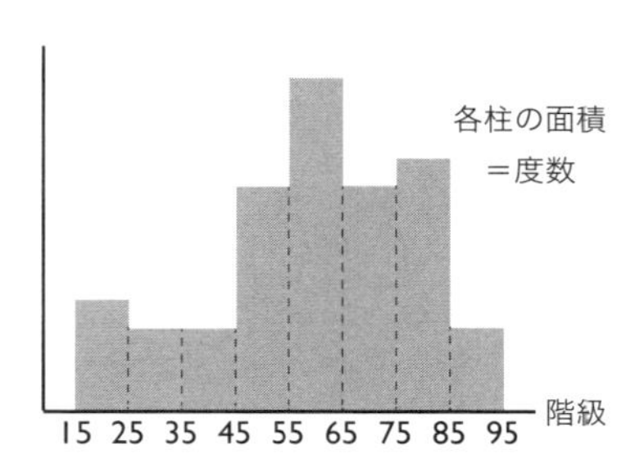

図 7.2　ヒストグラムはこう描く

点）に相当し，2 倍の幅は 2 倍の点差に対応しています。

また，ヒストグラムでは，度数を表現しているのは柱の高さではなく，柱の面積です。ですから，図 7.2 では，縦軸には「度数」とは書いてありません。このように度数を表現するのは，階級の区切りかたを自由に変更できるようにするためです。ヒストグラムの横軸は本来連続した値を表しているものであり，柱どうしが分れているのは，連続した値を階級に分割したからです。分割のしかたは自由ですから，ヒストグラムでの階級の区切りかたも自由に変更できるはずです。柱の面積で度数を表現しておけば，柱を分割・結合することで，階級を変更することができます。

図 7.3 のように，例えば「となりあう 2 つの階級の度数の合計」は，となりあう 2 つの柱の面積の合計となります。同様に，「55〜75 の階級の度数が 20」ということを，「55〜65 の階級の度数が 10，65〜75 の階級の度数が 10」と分割して考えることもできます。

なお，度数が柱の面積で表されているといっても，階級の幅がどの階級でも同じなら，柱の幅が一定ですから，結局柱の高さで度数が表されているということもできます。しかし，階級の幅が横軸の場所によって違っていると，高さと度数は一致しません。柱の面積で度数を表していますから，同じ度数でも階級の幅が 2 倍ならば，柱の高さは半分になります。このように階級によって幅が違っている度数分布は，階級幅を一定にすると階級によって度数が極端に違ってしまう場合，あるいは，同じ階級幅でも階級値によって意味が大きく違う場合に用いられます。

例えば，人々の年収の度数分布・ヒストグラムを考えてみましょう。階級幅を 100 万円とすると，年収 300 万円と 400 万円は大きな違いといえますが，年収 1

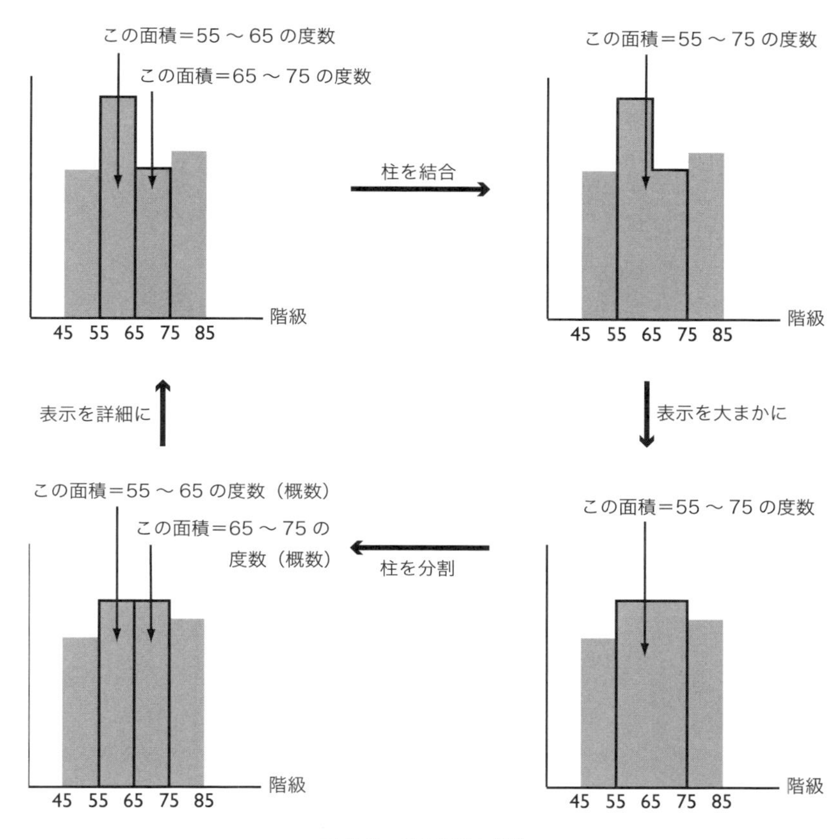

図 7.3　柱の分割と結合

億円と 1 億 100 万円には「豊かさ」には大きな差はありません。

例題

1. 表 7-1 の度数分布表について，ヒストグラムを描いてください。
2. 「75 点以上 85 点未満」「85 点以上 95 点未満」の 2 つの階級を合わせて「75 点以上 95 点未満」とした場合のヒストグラムを描いてください。

図 7.4 (a) に，ヒストグラムを示します。また，図 7.4 (b) は，例題の 2. の解答です。「75 点以上 85 点未満」「85 点以上 95 点未満」の 2 つの階級に対応する柱が，

それらの柱の面積の合計と同じ面積をもつ１つの柱に置きかえられています。

なお，この例題では，縦軸に度数の目盛をつけています。これは，先に述べた通り，階級幅すなわち柱の幅が一定であると仮定してのことです。ですから，例題 (b) のように柱をくっつけて，柱の幅が変わると，縦軸の日盛は使えなくなります。□

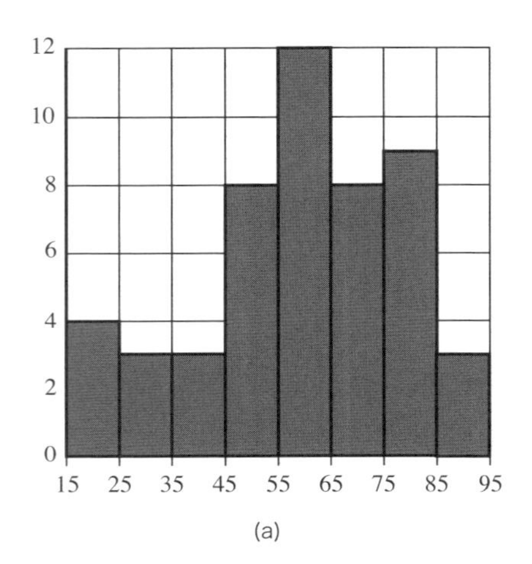

(a)

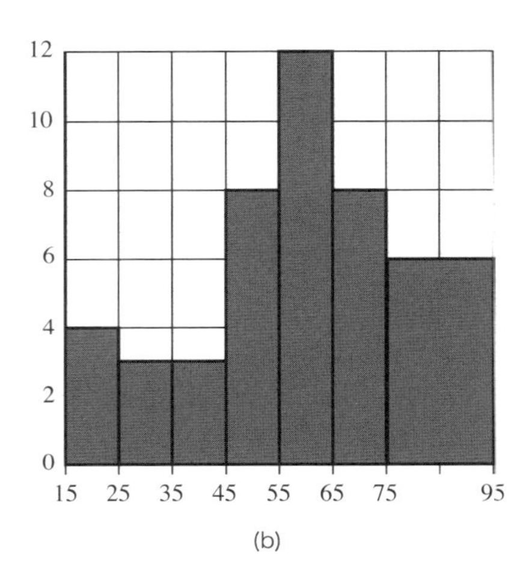

(b)

図 7.4　ヒストグラムの例題・解答

7.5　なぜ「平均」をするのか，いろいろな平均

度数分布は，データの分布が「どういう」分布かを，人間が理解できる形で表現したものです。また，度数分布のヒストグラムによる表現は，度数分布を視覚的に理解しやすい形で表したものです。しかし，度数分布から得られる情報を今後の処理に用いたり，比較したりするには，計算をするために，分布を１つの数で表現する必要があります。この数を**代表値**といいます。

代表値は，データの分布を「代表」する数値ですから，分布に含まれるさまざまな数値の「真ん中あたり」の数になっている必要があります。この「真ん中あたり」の考え方によって，いろいろな代表値があります。もっともよく使われる代表値は**算術平均**で，これが日常の言葉で「平均」とよばれているものです。本書でも，後の章では算術平均しか用いず，いちいち「算術」とつけずに単に平均と書きます。ただ，ここでは，他の種類の平均や代表値も，簡単に紹介しておくことにします。

7.5.1　算術平均

データサイズを n，データに含まれる数値を $x_1, x_2, \ldots, x_n$ とするとき，**算術平均**は次の式で定義されます。

$$\bar{x} = \frac{x_1 + x_2 + \cdots + x_n}{n} = \frac{1}{n}\sum_{i=1}^{n} x_i \tag{7.1}$$

つまり，「算術平均 $= \dfrac{\text{数値の合計}}{\text{データサイズ}}$」です。式 7.1 に現れる記号「$\sum$」は，第 4 章で説明した通り，「合計」を意味します。算術平均は，足し算（加算）にもとづいた平均なので，「相加平均」とよばれることもあります。なお，上の式では算術平均を $\bar{x}$ で表していますが，これは「エックス・バー」と読み，平均を表すのによく用いる記号です。「バー」は，「頭の上で凸凹をならしている」ような記号だと考えてもらえばよいと思います。

ところで，データの度数分布がわかっているときに，その算術平均を求めるにはどうすればよいでしょうか？「算術平均 $= \dfrac{\text{数値の合計}}{\text{データサイズ}}$」ですが，一方，ある階級の度数は「その階級値をとる数値が，何個あるか」を表しています。ですから，「ある階級に入っている数値は，いずれも概ね階級値と同じ値とみなす」という考えにもとづけば，ある階級に入っている数値の合計は「階級値 $\times$ 度数」で表されます。したがって，分布全体での数値の総合計は，「階級値 $\times$ 度数」をす

べての階級について合計したものになります。そこで，

$$
\begin{aligned}
\text{算術平均} &= \frac{\text{数値の合計}}{\text{データサイズ}} \\
&= \frac{［\text{階級値} \times \text{度数}］\text{の合計}}{\text{データサイズ}} \\
&= \left[\text{階級値} \times \frac{\text{度数}}{\text{データサイズ}}\right]\text{の合計}
\end{aligned}
\tag{7.2}
$$

となりますが，「$\frac{\text{度数}}{\text{データサイズ}}$」とはすなわち相対度数のことですから，「算術平均 = ［階級値 × 相対度数］の合計」ということになります。

例題　表 7-1 の度数分布表について，データの算術平均を求めてください。

表 7-2 のように，度数分布表に「階級値 × 相対度数」を書き込んでいきます。例えば，1 行目の「15～25」の階級では，「階級値 × 相対度数」は 20 × 0.08 で 1.6 となります。その合計が算術平均で，表のとおり 59.2 となります。

表 7-2　度数分布表から平均を求める

以上	未満	階級値	相対度数	階級値 × 相対度数
15	25	20	0.08	20 × 0.08 = 1.6
25	35	30	0.06	1.8
35	45	40	0.06	2.4
45	55	50	0.16	8.0
55	65	60	0.24	14.4
65	75	70	0.16	11.2
75	85	80	0.18	14.4
85	95	90	0.06	5.4
				合計 59.2

7.5.2　幾何平均

幾何平均は，数値が正の数で「倍率」を表すときに用いる平均で，次の式で定義されます。

$$
\begin{aligned}
x_G &= \sqrt[n]{x_1 \cdot x_2 \cdot \cdots \cdot x_n} \\
&= (x_1 \cdot x_2 \cdot \cdots \cdot x_n)^{\frac{1}{n}} \\
&= \left(\prod_{i=1}^{n} x_i \right)^{\frac{1}{n}}
\end{aligned}
\tag{7.3}
$$

3 通りの書き方を示しましたが，意味はどれも同じです。$\sqrt[n]{x}$ は，第 4 章で説明した「x の n 乗根」で，「n 乗すると x になるような数」を表します。2 行目にある $x^{\frac{1}{n}}$ についても，n 乗すると $(x^{\frac{1}{n}})^n$ で，第 4 章で説明した指数法則により $(x^{\frac{1}{n}})^n = x^{\frac{1}{n} \times n} = x$ なので，$x^{\frac{1}{n}}$ はやはり「n 乗すると x になるような数」を意味します。3 行目にある「$\displaystyle\prod_{i=1}^{n} x_i$」という記号は，「$i$ を 1 から n まで順に 1 ずつ増やしながら，x_i をかけ算する」という意味で，総和を表す $\sum$ 記号の足し算をかけ算に変えたものです。

算術平均が「数値を足し算してデータサイズで割る」計算なのに対して，幾何平均は「数値を掛け算して，『(データサイズ）乗根』を求める」計算です。幾何平均は，掛け算（乗算）にもとづいた平均なので，「相乗平均」とよばれることもあります。次の例題で，幾何平均を用いる例を見てみましょう。

例題　過去 5 年の間，1 年ごとの物価上昇率は 5%，3%，3%，2%，5% でした。このとき，1 年あたりの平均物価上昇率はいくらですか。

はじめの年の物価を 100 として，それから 5 年の間，1 年ごとの物価上昇率が問題文の通りだったとしましょう。このとき，5 年後の物価は $100 \times (1.05 \times 1.03 \times 1.03 \times 1.02 \times 1.05) = 119.3$ であり，$100 \times (1.05 + 1.03 + 1.03 + 1.02 + 1.05)$ ではありません。このように，「合計がかけ算で表される」ときは，その平均は幾何平均で表されます。この場合は

$$
\sqrt[5]{1.05 \times 1.03 \times 1.03 \times 1.02 \times 1.05} = 1.036 \tag{7.4}
$$

となります。□

7.5.3 調和平均

調和平均は，数値が正の数で「データ全体で共通なものに対する割合」であるときに用いる平均で，次の式のように「逆数の算術平均の逆数」となります。

$$x_H = \frac{1}{\frac{\left(\frac{1}{x_1}+\frac{1}{x_2}+\cdots+\frac{1}{x_n}\right)}{n}} \tag{7.5}$$

となります。

「共通なものに対する割合」の例としてよく用いられるのが，「共通の距離を走るときの速度」です。次の例題で，調和平均の使い方を見てみましょう。

例題　ある区間を，行きは 50km/h，帰りは 60km/h で往復しました。往復の平均速度はいくらですか。

「速度」は「$\frac{\text{進んだ距離}}{\text{かかった時間}}$」です。この問題の場合，行きと帰りで進む距離は共通で，行きと帰りとでかかる時間は別々ですから，行き帰りそれぞれの速度は「全体（距離）が共通であるような割合」にあたります。ここでいう「割合」が指しているのは「時間当たりに進む距離」です。

このとき，「往復での速度の平均」は，「$\frac{\text{往復で進む距離}}{\text{往復にかかる時間}}$」を意味します。片道の距離を x（km）とすると，往復で進む距離は $2x$ です。一方往復にかかる時間は $\frac{x}{50}+\frac{x}{60}$（h）ですから，平均速度は

$$\frac{2x}{\frac{x}{50}+\frac{x}{60}} = \frac{1}{\frac{\left(\frac{1}{50}+\frac{1}{60}\right)}{2}} = 54.5\ (\mathrm{km/h}) \tag{7.6}$$

となります。この計算で x がいくらかは関係ありませんから，往復の平均速度は，走った距離には関係なく，速度の調和平均で表されることがわかります。□

調和平均の別の理解として，次のような説明があります。2 つの数 a，b $(a > b)$ の調和平均 x_H は，

$$x_H = \frac{1}{\frac{\left(\frac{1}{a}+\frac{1}{b}\right)}{2}} \tag{7.7}$$

となります。この式から，

$$\begin{aligned} x_H &= \frac{2}{\frac{1}{a}+\frac{1}{b}} \\ &= \frac{2ab}{a+b} \end{aligned} \tag{7.8}$$

となりますから，

$$\begin{aligned} (a+b)x_H &= 2ab \\ ax_H - ab &= ab - bx_H \\ a(x_H - b) &= b(a - x_H) \\ \frac{a}{b} &= \frac{a-x_H}{x_H-b} \end{aligned} \tag{7.9}$$

となります。つまり，$a:b=(a-x_H):(x_H-b)$ となっていますから，「各数値と調和平均との差の比は，元の数値の比と同じ」ということになります。一方，算術平均の場合は，$\bar{x}=\frac{a+b}{2}$ ですから，

$$\begin{aligned} a+b &= 2\bar{x} \\ a-\bar{x} &= \bar{x}-b \end{aligned} \tag{7.10}$$

となり，「各数値と算術平均との差は，どちらの数値についても同じ」となります。

調和平均は，「仕事算」として知られている計算と同じです。仕事算とは，次の例題のような問題のことです。

例題　A と B の 2 人が，壁を塗る仕事を行います。A ひとりで壁全体を塗ると 10 日かかり，B ひとりでは 15 日かかります。A と B が同時に仕事をすれば，何日で済ませられますか。

この場合，「共通なもの」は全体の仕事の量です。A ひとりでは 1 日に全体の $\frac{1}{10}$ が，B ひとりでは 1 日に全体の $\frac{1}{15}$ が済ませられます。したがって，A と B が同時に仕事をすると，$\frac{1}{10}+\frac{1}{15}=\frac{1}{6}$ が済ませられます。ですから，A と B が同時に仕事をすると，6 日間で仕事が済ませられます。

これが上の仕事算の答えですが，ここで「A と B の平均の能力」の人がひとりで仕事をすると考えると，6 日間の 2 倍の 12 日間かかることになります。この 12 日間というのが，10 日と 15 日の調和平均を計算したことに相当します。□

7.5.4　メディアン

算術平均には，突出した数値に左右されやすいという欠点があります．例えば，5 人の月収が 20 万円，21 万円，21 万円，19 万円，100 万円のとき，その算術平均は 36.2 万円です。しかし，この 36.2 万円という平均値は，100 万円という突出した数値に影響されたもので，データ全体の代表値としての意味はあまりありません。

このようなときに用いられるのが，**メディアン（メジアン）**とよばれるものです。**中央値**，**中位数**といういい方もあります。これは，数値を大きさの順に並べ替えた時，中央の順位になる値です。この例の場合，並べ替えると 100 万円，21 万円，21 万円，20 万円，19 万円ですから，メディアンは 21 万円となります。この場合，メディアンは，突出した値である 100 万円には影響を受けません。それがたとえ 1000 万円であっても同じです。

7.6　分散

分布をもっとも簡単に 1 つの数字で表したのが代表値ですが，代表値だけでは，その分布が「どのくらい大小ばらばらか」は表現できません。その例を見てみましょう。次の A，B，C の 3 組のデータがあるとします。

A: 0, 3, 3, 5, 5, 5, 5, 7, 7, 10
B: 0, 1, 2, 3, 5, 5, 7, 8, 9, 10
C: 3, 4, 4, 5, 5, 5, 5, 6, 6, 7

これらの平均[注4]はいずれも 5 で，平均ではこれらの分布を区別して表現することはできません。これらの分布の違いは，**ばらつき**にあります。

「ばらつき」は統計用語で，データに含まれる大小さまざまな数値の，数値間の

注4　以下，この本では「平均」といえば算術平均を指すものとします。

食い違いの大きさを指します。ばらつきを表す量の中で，もっとも簡単なものは**レンジ（範囲）**で，データに含まれる最大の数値と最小の数値の差をいいます。AとBのレンジはどちらも $10-0=10$ で，Cは $7-3=4$ です。

AとBはレンジは同じですが，最大・最小の数値以外のばらつきがちがいます。Aは平均値5に近い数値が多いのに比べ，Bには5から遠い値もいくつも含まれています。しかし，レンジは分布の最大・最小の数値しか使っていないので，それ以外の数値のばらつきを表現することができません。そこで，統計学では，ふつうは次に述べる「分散」や「標準偏差」を使ってばらつきを表現します。これらは，分布内のすべての数値を使って計算されるので，平均値への集まりぐあいを表現できます。

各数値から平均値を引いたものを**偏差**といい，各数値が平均からどのくらい離れているかを表します。「偏差の平均」を求めれば，このデータに含まれる数値の，平均からの散らばりぐあいがわかりそうです。しかし，平均値はデータの中で真ん中の数値ですから，偏差は0を挟んだ正負の数になっていて，「偏差の平均」は0になってしまいます。式で書くと，数値が $x_1, x_2, \ldots, x_n$，平均が $\bar{x}$ のとき，数値 x_1 と平均との偏差は $x_1-\bar{x}$，x_2 と平均との偏差は $x_2-\bar{x}$，…，ですから，式 (7.2) から

$$
\begin{aligned}
&\text{偏差の平均}\\
&= \frac{1}{n}\{(x_1-\bar{x})+(x_2-\bar{x})+\cdots+(x_n-\bar{x})\}\\
&= \frac{1}{n}\left\{\left(x_1-\frac{x_1+x_2+\cdots+x_n}{n}\right)+\left(x_2-\frac{x_1+x_2+\cdots+x_n}{n}\right)\right.\\
&\qquad \left.+\cdots+\left(x_n-\frac{x_1+x_2+\cdots+x_n}{n}\right)\right\}\\
&= \frac{1}{n}\left\{(x_1+x_2+\cdots+x_n)-n\times\frac{x_1+x_2+\cdots+x_n}{n}\right\}\\
&= 0
\end{aligned}
\tag{7.11}
$$

となります。

そこで，「偏差の平均」のかわりに「(偏差)^2 の平均」を用います。(偏差)^2 はすべて正の数ですから，平均しても差し引きされることはなく，「(偏差)^2 の平均」すなわち「$\dfrac{\text{各数値についての偏差の 2 乗の合計}}{\text{データサイズ}}$」でばらつきの程度を表現できます。これが**分散**です。式で書くと，各数値を $x_1, x_2, \ldots, x_n$，データサイズ

を n，平均を $\bar{x}$ とするとき，分散 σ^2 はつぎのようになります。

$$\begin{aligned}\sigma^2 &= \frac{1}{n}\{(x_1-\bar{x})^2+(x_2-\bar{x})^2+\cdots+(x_n-\bar{x})^2\} \\ &= \frac{1}{n}\sum_{i=1}^{n}(x_i-\bar{x})^2\end{aligned} \tag{7.12}$$

また，分散の平方根を**標準偏差**[注5]といいます。分散の計算では，途中で数値を 2 乗しています。ですから，例えばデータの単位が m（メートル）のとき，分散の単位は m^2 になってしまいます。データの単位がメートルなのに，分散の単位が平方メートルでは，ばらつきの表現としては不便です。そこで，分散の平方根を計算して，単位をもとに戻したのが標準偏差です。

例題　上で例にあげたデータ A，B について，分散と標準偏差を求めてください。

データ A について，下の表を使って，偏差と偏差の 2 乗を計算していきます。最初の行を例にとると，数値は 0 で，平均は 5 ですから，偏差は $0-5=-5$，偏差の 2 乗は $(-5)^2=25$ となります。他の数値についても同様に計算します。

偏差の 2 乗を合計すると 66 で，データサイズは 10 ですから，分散は $\frac{66}{10}=6.6$ となります。標準偏差は分散の平方根ですから，$\sqrt{6.6}=2.57$ となります。

データ B についても同様に計算すると，分散は 10.8，標準偏差は 3.29 となります。データ B のほうが，ばらつきが大きいことがわかります。□

算術平均の説明で，度数分布から平均を求める方法として「平均 ＝［階級値 × 相対度数］の合計」となることを示しました。分散は「(偏差)^2 の平均」ですから，上の計算を利用すると，

$$分散 = [(偏差)^2 \times 相対度数] の合計$$

すなわち

$$分散 = [(階級値 - 平均)^2 \times 相対度数] の合計$$

注5　英語の standard deviation を略して，S.D. あるいは SD とよぶこともあります。

表 7-3 データ A の分散

数値	偏差	(偏差)^2
0	$0-5=-5$	25
3	-2	4
3	-2	4
5	0	0
5	0	0
5	0	0
5	0	0
7	2	4
7	2	4
10	5	25
平均 $=5$		平均 $=\frac{66}{10}=6.6$ (分散)

という計算で，度数分布から分散が求められます。

例題 表 7-1 の度数分布表について，データの分散を求めてください。

表 7-4 のように計算していきます。7.5.1 節の演習で計算した通り，この度数分布の平均は 59.2 です。1 行目を例にとると，「15〜25」の階級の階級値が 20 なので，この階級での偏差は $20-59.2=-39.2$ です。したがって，偏差の 2 乗は

表 7-4 度数分布表から分散を求める

以上	未満	階級値	相対度数	偏差	(偏差)^2	(偏差)^2 × 相対度数
15	25	20	0.08	$20-59.2$ $=-39.2$	$(-39.2)^2$ $=1536.64$	1536.64×0.08 $=122.93$
25	35	30	0.06	-29.2	852.64	51.158
35	45	40	0.06	-19.2	368.64	22.118
45	55	50	0.16	-9.2	84.64	13.542
55	65	60	0.24	0.8	0.64	0.1536
65	75	70	0.16	10.8	116.64	18.662
75	85	80	0.18	20.8	432.64	77.875
85	95	90	0.06	30.8	948.64	56.918
						合計 363.36

$(-39.2)^2 = 1536.64$ で，「(偏差の 2 乗) × 相対度数」は $1536.64 \times 0.08 = 122.93$ となります。表のとおり，各階級についてこれを計算して合計すると 363.36 となり，これがこの度数分布の分散となります。また，標準偏差は $\sqrt{363.36} = 19.06$ となります。□

7.7 分散の計算で，なぜ数値を 2 乗するのか

大学の統計学の講義で分散の計算を説明すると，「正負の偏差の値を全部正の数にしたいのなら，2 乗するのではなく，絶対値の計算ではいけないのですか？」という質問をうけることがあります。絶対値とは，正負の数から $+$ や $-$ の符号を取り除いたもので，$|\ |$ という記号で表されます。例えば，$|5| = 5$，$|-5| = 5$ です。

偏差の絶対値を使って計算しても，「偏差を全部正の値に直してから平均する」という目的は達せられます。しかし，絶対値の計算は 2 乗よりも簡単そうですが，実はそうではありません。2 乗の計算は，どんな数に対しても同じ手続きでできます。しかし，絶対値の計算は，「正の数はそのまま，負の数はマイナスの符号を外す」ということですから，正の数と負の数でそれぞれ別の手続きが必要です。式で書いても，x の 2 乗は単に $x^2 = x \times x$ というだけですが，x の絶対値は

$$|x| = \begin{cases} x & x \geqq 0 \text{ のとき} \\ -x & x < 0 \text{ のとき} \end{cases} \tag{7.13}$$

と書かなければなりません。このように，数によって計算のやりかたを変えることを「場合分け」といいますが，場合分けはできれば少ないほうが簡単です。$y = |2x+3| - 2$ のグラフを描くとか，「不等式 $|x^2 - 2x - 5| < 2$ を解け」といった問題になると，絶対値の記号の中身がどんなときに正の数に，どんなときに負の数になるかをいちいち考えなければならず，大変面倒です。こういう事情で，「偏差の絶対値の平均」はあまり用いられず，「偏差の 2 乗の平均」である分散が広く用いられています。

また，「偏差の 2 乗」を考えると，これを「偏差の 3 乗」，「偏差の 4 乗」，... に発展させることができます。これらは「モーメント」とよばれ，ヒストグラムの形を特徴づける数になっています。

演習問題

1. 表 7-5 の度数分布表について，表の空欄を埋めて，平均・分散を求めてください。

表 7-5　演習問題 1

階級	階級値	相対度数	階級値×相対度数	偏差	(偏差)^2	(偏差)^2 × 相対度数
0〜9（点）	5	0.04				
10〜19	15	0.16				
20〜29	25	0.08				
30〜39	35	0.12				
40〜49	45	0.10				
50〜59	55	0.10				
60〜69	65	0.12				
70〜79	75	0.08				
80〜89	85	0.18				
90〜100	95	0.02				
合計		1.0 1.0	＝平均			＝分散 ＝標準偏差

2. 「平均」に関する次の各項について，どこがおかしいかを指摘してください。
   - (a) 気象用語でいう「雲量」とは，空のうち雲の占める割合を，雲のまったくない快晴を 0，晴れ間のない本曇りを 10 として表現するものである。平均は 5 程度である。したがって，1 年間のうちでは，多少雲がある曇りの日がいちばん多い。
   - (b) 「人生 50 年」という言葉があったように，100 年前の日本人の平均寿命は 50 歳にも満たなかった。当時の女性は 5 人 6 人の子供を生むことは当たり前であったので，子育てが終わった後の人生はたった数年しかなかった。

演習問題の解説

1. 次の表 7-6 のとおりです。
2. (a)　データが「平均値をとる可能性が一番高い」とは限りません。最大値と

表 7-6　演習問題 1 の解答

階級	階級値	相対度数	階級値 × 相対度数	偏差	(偏差)^2	(偏差)^2 × 相対度数
0〜9（点）	5	0.04	$5 \times 0.04 = 0.2$	$5 - 49.8 = -44.8$	$(-44.8)^2 = 2007.04$	$2007.04 \times 0.04 = 80.28$
10〜19	15	0.16	2.4	−34.8	1211.04	193.77
20〜29	25	0.08	2.0	−24.8	615.04	49.20
30〜39	35	0.12	4.2	−14.8	219.04	26.28
40〜49	45	0.10	4.5	−4.8	23.04	2.304
50〜59	55	0.10	5.5	5.2	27.04	2.704
60〜69	65	0.12	7.8	15.2	231.04	27.72
70〜79	75	0.08	6.0	25.2	635.04	50.80
80〜89	85	0.18	15.3	35.2	1239.04	223.03
90〜100	95	0.02	1.9	45.2	2043.04	40.86
合計		1.0	49.8（= 平均）			696.95（= 分散） $\sqrt{696.95} = 26.40$ （= 標準偏差）

最小値が一番とる可能性が高く，平均値をとる可能性が一番低い，という分布も考えられます。雲量はこれに近い分布をとる有名な例で，平均である雲量 5 の日数は比較的少ないことが知られています。

本文で例に出した度数分布では，平均（59.2）を含む階級が一番度数が大きくなっています。通常はこのような形になる分布のほうがふつうで，その理由は第 10 章・第 13 章の「中心極限定理」のところで説明しています。しかし，この問題のように，そうでない分布もいろいろあります。なお，度数のもっとも大きな数値のことを**最頻値（モード）**といいます。この雲量の例のように，平均値と最頻値は，必ずしも近いとは限りません。

(b)　平均寿命とは「0 歳児の平均余命」です。ある年齢での平均余命とは，各年齢での死亡率が今後変化しないと仮定したときに，現在その年齢の人々が今後生きる年数の平均です。昔は，赤ん坊のうちに死亡したり，あるいは若いうちに結核などで死亡する人が現在よりも多かったので，そういう早く死ぬ人の影響で「0 歳の人が今後生きる年数の平均」が短くなっていました。その影響は，「現在 40 歳の人が今後生きる年数の平均」には関係ありませんから，「平均寿命が 50 歳である」からといって「40 歳の人の平均余命が 10 年である」わけではありません。

第8章

相関関係，回帰，決定係数

8.1 相関関係と相関係数

8.1.1 多変量解析と相関関係

第７章で，「データの分布」について説明しました。「データが分布する」とは，「ある測定対象や現象から得られるデータが，大小ばらばらの数値でできている」という意味です。例えば，「日本人男性の身長」は分布する，ということができます。この例での「身長」のように，大小いろいろな数値になる数量のことを**変量**といいます。統計学とは，一言でいえば，分布している変量から情報を引きだす手法ということができます。

「日本男性の身長」は，「身長」というひとつの変量でできたデータです。一方，世の中には，２つ以上の変量の組み合わせで表現されるデータもたくさんあります。例えば，「日本男性の身長と体重」のデータのように，あるひとりの人に対して，「身長」という変量の数値と「体重」という変量の数値の組が対応しているものです。あるいは，「入学試験の成績」というデータも，あるひとりの人の成績は，数学，英語，…といった複数の科目（変量）の点数（数値）の組み合わせでできています。

このように，複数の変量の組み合わせで表されているデータを**多変量データ**といい，多変量データの分布を取り扱う統計手法を**多変量解析**といいます。本書では，多変量解析の中で一番基本的な「相関分析」「回帰分析」について説明しますが，より高度な多変量解析手法においても，つねに重要な意味をもつのが，変量の間の**相関**という概念です。

相関とは，２つの変量の間の関連のしかたをとらえる考え方です。例えば，「日本男性の身長と体重」という，２つの変量からなるデータを考えてみましょう。「身長が高い人は，体重も重い」でしょうか？人によって，太っている人も痩せている人もいるでしょうから，身長の高い人が低い人に比べて，「必ず」体重が重いとはいえません。

しかし，身長の高い人は，体が全体に大きく，身長の低い人に比べて体重が重い「ことが多い」とはいえると想像できます。あるいは，「各都道府県の人口と店の数」「日本の各都市の緯度と年平均気温」の場合でも，人口の多い町では店の数も多いという「傾向」があるでしょうし，「緯度と気温」では，緯度の高い都市では気温が低いという「傾向」があると思われます。

このような「変量間の増減の傾向」を，変量間の**相関関係**といいます。一般的に説明するために，上の例で出てきた「人」「県」「都市」など，数値の組が対応づけられている実体を，以後**個体**とよぶことにします。

ある多変量データにおいて，ひとつの個体について「ある１つの変量の数値が大きいときは，その個体の別のある変量の数値も大きい」あるいは「ある１つの変量の数値が大きいときは別のある変量の数値が小さい」という傾向があるとき，これらの２つの変量の間には相関関係があるといいます。一方の変量が大きいときにはもう一方の変量も大きいときは**正の相関関係**，一方の変量が大きいときにもう一方の変量が小さい場合は**負の相関関係**といいます。

8.1.2　散布図

ひとつの変量からなるデータの分布を目に見えるように表現するために，ヒストグラムを用いることを，第７章で説明しました。これに対して，多変量データの分布を目に見えるように表現するのに用いられるのが**散布図**です。

表 8-1 は，日本のいくつかの都市の緯度と年平均気温[注1]を表しています。このデータは，各都市に緯度と気温の２つの変量が対応付けられている多変量データです。このデータの分布を目に見えるように，緯度と気温の２つの変量をそれぞれ横軸・縦軸とし，各都市を対応する緯度・気温の位置に配置します。

例えば，札幌市は北緯 43.05 度，年平均気温 8.0°C ですから，横軸 43.05，縦軸 8.0 の位置に印をつけます。このようにして個体（ここでは都市）を配置した，図 8.1 のような図を散布図といいます。この場合は変量が２つなので，散布図は横軸・縦軸でできる平面になります。変量が３つ以上の多変量データの場合は，軸も３つ以上になりますが，この場合も紙の上に描けないだけで，考え方には違いはありません。

図 8.1 の散布図を見ると，一見して各都市がほぼ直線に沿って並んでおり，「緯度が高いと気温が低い，緯度が低いと気温が高い」という負の相関関係が見てとれます。このように，負の相関関係は，散布図上では右下がりにデータが分布するように表現されます。また，正の相関関係では右上がりに並ぶことになります。

注1　日本列島大地図館（小学館）［理科年表より転載］より

表 8-1　日本の都市の緯度と気温

地名	緯度（度）	気温（°C）
札幌	43.05	8.0
青森	40.82	9.6
秋田	39.72	11.0
仙台	38.27	11.9
福島	37.75	12.5
宇都宮	36.55	12.9
水戸	36.38	13.2
東京	35.68	15.3
新潟	37.92	13.1
長野	36.67	11.4
静岡	34.97	16.0
名古屋	35.17	14.9
大阪	34.68	16.2
鳥取	35.48	14.4
広島	34.40	15.0
高知	33.55	16.3
福岡	33.92	16.0
鹿児島	31.57	17.3
那覇	26.20	22.0

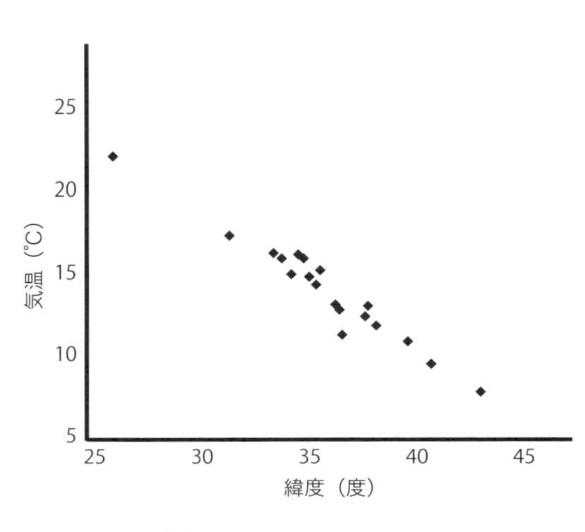

図 8.1　散布図：緯度と気温の関係

8.1.3　共分散と相関係数

相関関係を特徴づける量には，「正・負」とは別に，「強い・弱い」というものがあります。「一方の変量が大きいともう一方の変量も大きい，あるいはもう一方の変量は小さい」という傾向がはっきりしていて，ほぼどの個体についてもこの傾向があてはまっており，個体が散布図上でほぼ一直線上に並ぶような相関関係を，**強い相関関係**といいます。一方，この傾向がはっきりせず，あてはまっている個体が多いがそうでない個体もある，という相関関係は，**弱い相関関係**といいます。

相関関係の正負・強弱を数値で表すのが，**相関係数**です。ある多変量データの変量 x と変量 y について，n 個の個体に対する数値が $(x_1, y_1), (x_2, y_2), \ldots, (x_n, y_n)$ であるとき，x と y との相関係数 r_{xy} は

$$
\begin{aligned}
r_{xy} &= \frac{\sum_{i=1}^{n}(x_i - \bar{x})(y_i - \bar{y})/n}{\sqrt{\sum_{i=1}^{n}(x_i - \bar{x})^2/n}\sqrt{\sum_{i=1}^{n}(y_i - \bar{y})^2/n}} \\
&= \frac{\sum_{i=1}^{n}(x_i - \bar{x})(y_i - \bar{y})}{\sqrt{\sum_{i=1}^{n}(x_i - \bar{x})^2}\sqrt{\sum_{i=1}^{n}(y_i - \bar{y})^2}}
\end{aligned}
\tag{8.1}
$$

で表されます。

いきなりややこしい式が出てきましたが，これを各部分に分けてみてみましょう。この式では，相関係数 r_{xy} を 2 通りの書き方で表しています。その上側の式で，分母は 2 つの平方根の積になっています。平方根の中にある $\sum_{i=1}^{n}(x_i - \bar{x})^2/n$ において，$\bar{x}$ は，$x_1, \ldots, x_n$ の平均，つまり変量 x だけについての平均です。

したがって，この部分は変量 x だけについての分散を表し，その平方根は変量 x だけについての標準偏差を表します。その隣の平方根は，変量 y だけについての標準偏差です。したがって，相関係数の分母は，変量 x の標準偏差と変量 y の標準偏差の積になっています。

一方，分子は，変量 x，変量 y それぞれの偏差を掛け算して平均したもので，**共分散**といいます。共分散の意味を，図 8.2 で考えてみましょう。散布図の平面を，x の平均および y の平均を境にして四分割します。各領域で，$(x_i - \bar{x})(y_i - \bar{y})$ の値を考えてみます。

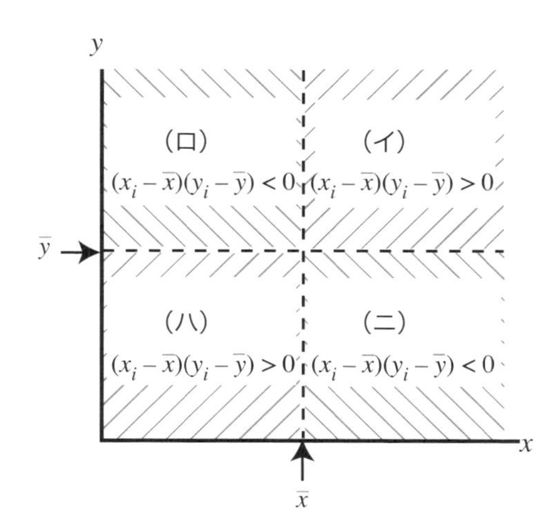

図 8.2　共分散の概念

（イ）の領域では，$x_i - \bar{x} > 0$，$y_i - \bar{y} > 0$ で，その積は「正の数 × 正の数」なので正の数，すなわち $(x_i - \bar{x})(y_i - \bar{y}) > 0$ であり，(x_i, y_i) が右上に行くほどこの積の値は大きくなります。また，（ハ）では $x_i - \bar{x} < 0$，$y_i - \bar{y} < 0$ で，「負の数 × 負の数」なのでやはり正の数，すなわち $(x_i - \bar{x})(y_i - \bar{y}) > 0$ であり，(x_i, y_i) が左下に行くほどこの積の値が大きくなります。これに対して，（ロ）や

（ニ）では，「正の数 × 負の数」なので負の数，すなわち $(x_i - \bar{x})(y_i - \bar{y}) < 0$ となります。

では，図 8.3 の 4 つの散布図で表される分布で，共分散の計算にある $\sum_i (x_i - \bar{x})(y_i - \bar{y})$ の値はどうなるでしょうか？

図 8.3 (a) の場合は，個体は先の図 8.2 の（イ）（ハ）の部分にあるものがほとんどです。ですから，個体のほとんどで $(x_i - \bar{x})(y_i - \bar{y})$ は正の数であり，その合計である $\sum_i (x_i - \bar{x})(y_i - \bar{y})$ は正の大きな値になります。一方，(b) の場合は，個体は（ロ）（ニ）の部分に多く分布していますから，個体のほとんどで $(x_i - \bar{x})(y_i - \bar{y})$ は負の数であり，その合計である $\sum_i (x_i - \bar{x})(y_i - \bar{y})$ は，負で絶対値の大きな値になります。(a) は正の相関，(b) は負の相関であり，共分散の正負が相関の正負に対応していることがわかります。

さて，(c) の場合は，個体はおもに（イ）（ハ）の部分にあり，右上・左下に広がっていますが，（ロ）（ニ）の部分にもある程度個体が存在しています。（イ）

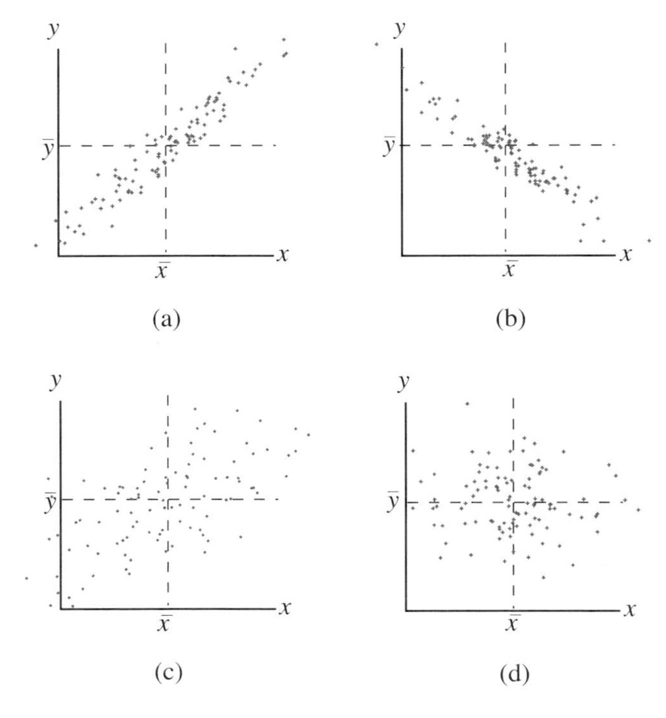

図 8.3　相関の正負・強弱

（ハ）では $(x_i - \bar{x})(y_i - \bar{y})$ は正であるものの，（ロ）（ニ）では $(x_i - \bar{x})(y_i - \bar{y})$ は負なので，その合計である $\sum_i (x_i - \bar{x})(y_i - \bar{y})$ の値は，正ではありますが (a) の場合よりは小さくなります。

(a) は，「一方の変量が大きいともう一方の変量も大きい」という傾向がはっきりした「強い正の相関」であり，(c) はその傾向がはっきりしない「弱い正の相関」です。相関の強弱の違いが，共分散の違いに現れています。さらに，(d) の場合は，個体が（イ）（ロ）（ハ）（ニ）の各部分に均等に広がっています。したがって，$(x_i - \bar{x})(y_i - \bar{y})$ を合計すると正負の値が打ち消し合い，ほぼ 0 になります。これは，正の相関でも負の相関でもなく，「相関がない」あるいは「無相関である」といいます。

このように共分散を説明してきましたが，最初に「相関関係の正負・強弱を表すのは相関係数」と書いたはずです。相関係数と共分散とは，どのような関係になっているのでしょうか。

相関係数は，共分散を x，y それぞれの標準偏差の積で割ったものです。このような割り算による調整をするのは，相関係数で表したいものは相関の正負と，強弱すなわち「傾向の明確さ」であって，散布図上での個体の広がりそのものではないからです。

例として，図 8.4 (a) (b) の 2 つの散布図を見てください。これらは，散布図上での広がりは大きく異なっていますが，相似な形に広がっていますから，相関の強さは同じです。(a) のほうが大きく広がっているので，共分散は (a) のほうがずっと大きくなります。

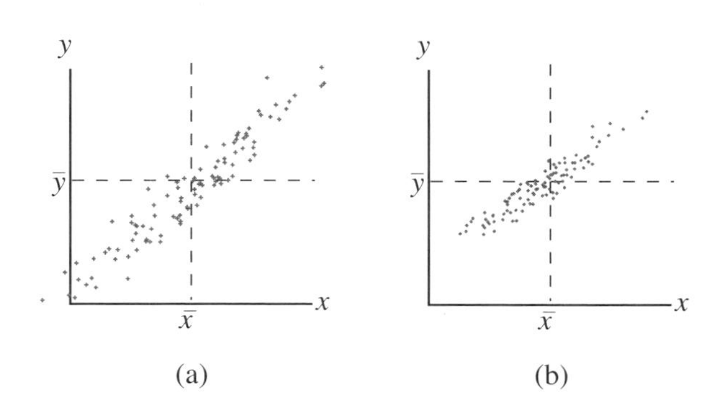

図 8.4　同じ相関係数をもつ分布

しかし，相関係数は共分散を x，y それぞれの標準偏差，すなわち x，y それぞれの広がりで割っており，これらの標準偏差も (a) のほうが大きいですから，相関係数は (a) (b) どちらも同じになります。なお，相関係数は -1 から 1 の範囲の値をとり，1 がもっとも強い正の相関，-1 がもっとも強い負の相関，0 は相関がないことをあらわします。

例題　表 8-1 のデータのうち長野～鹿児島の数値を使って，緯度と気温との相関係数を求めてください。

表 8-2 のように計算していき，本文の式のとおり

- 緯度（気温）の分散 $= \dfrac{[\text{緯度（気温）の偏差}]^2 \text{ の和}}{\text{データサイズ}}$
- 共分散 $= \dfrac{[\text{緯度の偏差} \times \text{気温の偏差}] \text{ の和}}{\text{データサイズ}}$
- 相関係数 $= \dfrac{\text{共分散}}{\sqrt{\text{緯度の分散}} \times \sqrt{\text{気温の分散}}}$

で求めます。

長野－鹿児島間のデータだけを用いて描いた散布図を，図 8.5 に示します。得

表 8-2　相関係数を求める

地名	緯度(度)	気温(°C)	緯度の偏差	左の 2 乗	気温の偏差	左の 2 乗	両偏差の積
長野	36.67	11.4	2.18	4.752	−3.878	15.039	−8.454
静岡	34.97	16.0	0.48	0.230	0.722	0.521	0.347
名古屋	35.17	14.9	0.68	0.462	−0.378	0.143	−0.257
大阪	34.68	16.2	0.19	0.036	0.922	0.850	0.175
鳥取	35.48	14.4	0.99	0.980	−0.878	0.771	−0.869
広島	34.40	15.0	−0.09	0.008	−0.278	0.077	0.025
高知	33.55	16.3	−0.94	0.884	1.022	1.044	−0.961
福岡	33.92	16.0	−0.57	0.325	0.722	0.521	−0.412
鹿児島	31.57	17.3	−2.92	8.526	2.022	4.088	−5.904
	緯度の平均 = 34.49	気温の平均 = 15.278		緯度の分散 = 1.800		気温の分散 = 2.562	共分散 = −1.812 相関係数 = −0.844

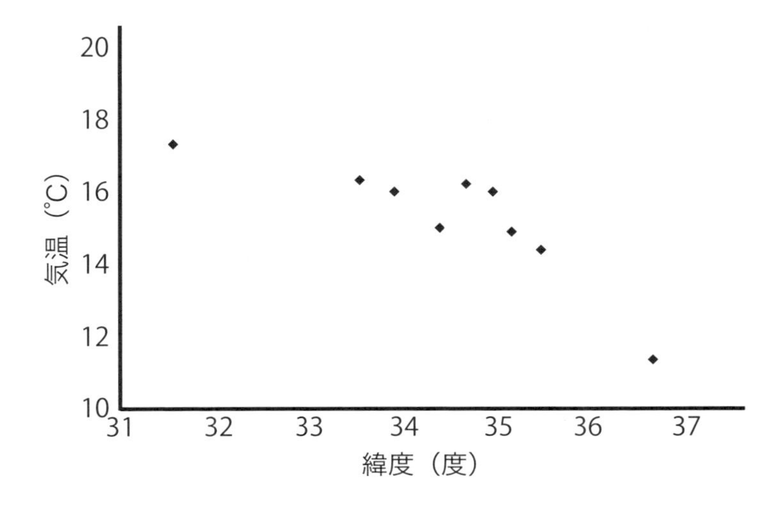

図 8.5　長野ー鹿児島のデータによる散布図

られた相関係数 −0.844 は，緯度と気温との相関関係は，強い負の相関だということを示しています。図の散布図を見ると，妥当な結論であることがわかります。

パソコンでExcelなどの表計算ソフトや，統計ソフトを使えば，こんな手作業をしなくても，データを入力するだけで，ただちに相関係数を求めることができます。ただ，その場合でも，得られた相関係数が散布図と合っているかどうかを確かめることをお勧めします。この確認をすることで，データの入力ミスなどで間違った結果になっているときに，それを見逃すのを防ぐことができます。□

8.2 回帰分析

回帰分析とは，2つ以上の変量の組で表されるデータがあるとき，ある変量と他の変量との関係を求める方法のひとつです。前節では「関連の強さ」を調べる相関分析を説明しましたが，回帰分析では，「一方の変量によって他方の変量が決まるという関係がある」と考えるときに，「ある変量の変化を，もう一方の変量の変化で説明するための関数を求める」という考え方をします。

例えば，前節で「緯度が北に進むと気温が下がる」という例を紹介しましたが，ここで「緯度が気温によって決まる」のではなく「気温が緯度によって決まる」

と決めてしまいます。このことを，気温が緯度によって決まっているという**モデル**を仮定するといいます。そして，「緯度の値が 1 度大きくなるとき，気温が何度下がるか」を表す関数を求めます。

この例でも，表 8-1，図 8.1 のように，都市は散布図上でばらついているので，「緯度の値が 1 度大きくなるとき，気温が何度下がるかを表す関数」は，そう単純には決まらないはずです。では，どのような考えを用いればよいでしょうか？

緯度を x とし，気温を y とするとき，「x によって y が決まる」という関係になっていることを統計学では「y は x によって**説明**される」といい，x を説明変数，y を被説明変数といいます。また，この関係を y の x 上への**回帰**といいます。この例の場合，明らかに散布図上で右下がりの直線となるような関係がありそうです。

緯度 x と気温 y に散布図上で直線の関係があると仮定するということは，散布図上にばらついているデータを，「散布図上で $y = a + bx$ という式で表される直線」というモデルで表すことになります。このような回帰を**線形単回帰**といいます[注2]。

しかし，直線というモデルを仮定したからといって，散布図上で個体が完全に一直線上に並んでいるわけではありません。したがって，なんらかの意味で「納得のいく」方法で，直線を引かなければなりません。どのような直線かは，$y = a + bx$ という式の a と b，つまりパラメータによって決まります。そこで，

注2　直線ではなく指数関数・対数関数などの曲線を用いる場合は「非線形回帰」，また説明変数が複数ある場合は「重回帰」とよばれます。

「納得のいく」方法でパラメータを決めることを考えます。

与えられている各都市（個体）の緯度と気温の組を，1 番目の都市から順に $(x_1, y_1), (x_2, y_2), \ldots, (x_n, y_n)$ で表し（n はデータの大きさ），代表として (x_i, y_i) で表します。x と y の間の関係が，$y = a + bx$ というモデルで完全に表されるのなら，$x = x_i$ のとき，この式に $x = x_i$ を代入して，$y = a + bx_i$ となるはずです。しかし，現実のデータでは $y = y_i$ であって，$y = a + bx_i$ とは食い違いがあります。

そこで，パラメータ a，b をさまざまな値に変えて，「全ての (x_i, y_i) についての，y_i と $a + bx_i$ との差の合計」がもっとも小さくなるとき，その a，b をもっとも適切なパラメータとし，その a，b で決まる直線が「もっとも納得のいく」直線であるとします。ただ，「y_i と $a + bx_i$ の差」には正負がありますから，そのまま合計すると，分散の計算のときと同じように，差し引きされてしまいます。そこで，実際には差の 2 乗の合計，すなわち

$$L \equiv \sum_{i=1}^{n} \{y_i - (a + bx_i)\}^2 \tag{8.2}$$

を計算して，この L が最小になるように a と b を決定します。

この a，b を求める方法は，後の 8.4 節で説明します。先に結果を述べると，

$$\begin{aligned} b &= \frac{\sigma_{xy}}{\sigma_x^2} \\ a &= \bar{y} - b\bar{x} \end{aligned} \tag{8.3}$$

となります。ここで，σ_x^2 は x の分散，σ_{xy} は x，y の共分散を表します。$\bar{x}$，$\bar{y}$ は，前節にも出てきたもので，それぞれ x の平均，y の平均です。

このようにして，「モデルと測定値の差の 2 乗を最小にする」ことでパラメータを決める方法を**最小 2 乗法**といい，このようにして得られる 1 次式 $y = a + bx$ を，y の x 上への**回帰方程式**，あるいは**回帰直線**といいます。また，b は回帰直線の傾きで，これを**回帰係数**といいます。なお，式 (8.3) を $y = a + bx$ に代入すると

$$y - \bar{y} = b(x - \bar{x}) \tag{8.4}$$

となります。この式は $x = \bar{x}$，$y = \bar{y}$ のとき成り立ちますから，点 $(\bar{x}, \bar{y})$ は回帰

直線上にあります。つまり，回帰直線は「傾きが b で点 $(\bar{x}, \bar{y})$ を通る直線」になります。

例題　前節の例題と同様に表 8-1 のデータのうち長野〜鹿児島の数値を使って，回帰方程式を求めて下さい。

前節の例題で，

- 気温の平均 $\bar{y} = 15.278$
- 緯度の平均 $\bar{x} = 34.49$
- 緯度の分散 $\sigma_x^2 = 1.800$
- 緯度と気温の共分散 $\sigma_{xy} = -1.812$

という数値を求めました。ここから，

- 回帰係数 $b = \dfrac{-1.812}{1.800} = -1.007$
- $a = 15.278 - (-1.007) \times 34.49 = 50.01$

と求められ，回帰方程式は $y = 50.01 - 1.007x$ となります。

このようにして得られた回帰方程式も，相関係数と同様に，散布図に戻って確認しましょう。図 8.5 の散布図（長野〜鹿児島のみ）の縦軸は，横軸 x（緯度）が 31 のところにあります。回帰方程式に $x = 31$ を代入すると，$y = 50.01 - 1.007 \times 31 = 18.793$ です。したがって，第 5 章で関数のグラフについて説明したように，$x = 31$ の位置にある縦軸上では，回帰直線は $y = 18.793$ のところを通ります。また，傾きは -1.007 で，ほぼ -1 ですから，x（緯度）が 1 大きくなると，y（気温）はほぼ 1 小さくなります。

これらの数値をもとに，図 8.5 に回帰直線を描き加えたのが図 8.6 です。間違いなく，散布図上の点に沿った回帰直線が描かれているのがわかります。回帰方程式を求めたら，このように回帰直線を描いてみて，間違いがないかどうか確かめることを，強くお勧めします。

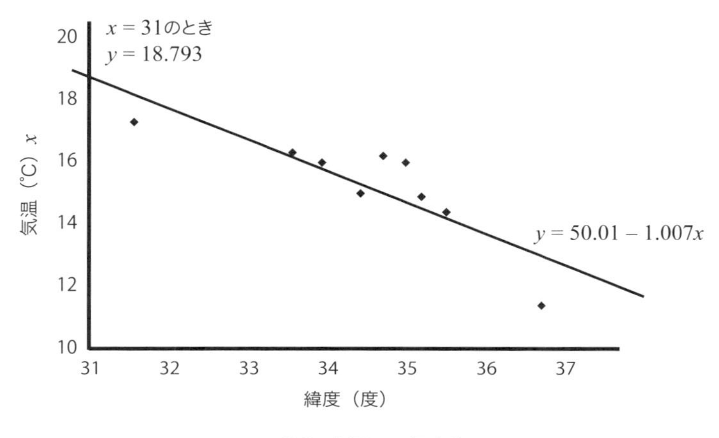

図 8.6 例題の回帰直線

8.3 決定係数：何を決定しているのか

前節のようにして，回帰直線のパラメータ a, b が求められ，回帰直線 $y = a+bx$ が求められたとします。ある x_i に対して，回帰直線上で対応する y の値は，$a+bx_i$ となります。この値は，$x = x_i$ のときの y の値を，回帰直線というモデルを使って推定したものなので，y の**推定値**といい，$\hat{y_i}$ で表します。一方，実際のデータにおける y_i と推定値 $\hat{y_i}$ の差を，モデルを使ってもまだ残っている差という意味で**残差**といい，d_i で表します。この関係を，図 8.7 に示します。

残差は，回帰方程式と x_i の値を使って，y_i の値を $\hat{y_i}$ と推定したとき，推定によって表現できなかった部分を表しています。残差について，r_{xy} を x と y の相関係数とすると

$$\sum d_i^2 = \sum (y_i - \hat{y_i})^2 = (1 - r_{xy}^2) \sum (y_i - \bar{y})^2 \tag{8.5}$$

が成り立ちます[注3]。どうやってこの結果を導いたかは，少々難しいので，付録の 8.5.2 節で説明しています。

この式で，r_{xy}^2 が 1 に近づくほど，y_i と $\hat{y_i}$ の差は小さくなり，$r_{xy}^2 = 1$ のときは残差が 0 となります。すなわち，最小二乗法で求めた回帰方程式によって，y が x から完全に正確に決定されることになります。このことから，r_{xy}^2 すなわち

注3 $\sum$ 記号の上下の添字を省略しています。

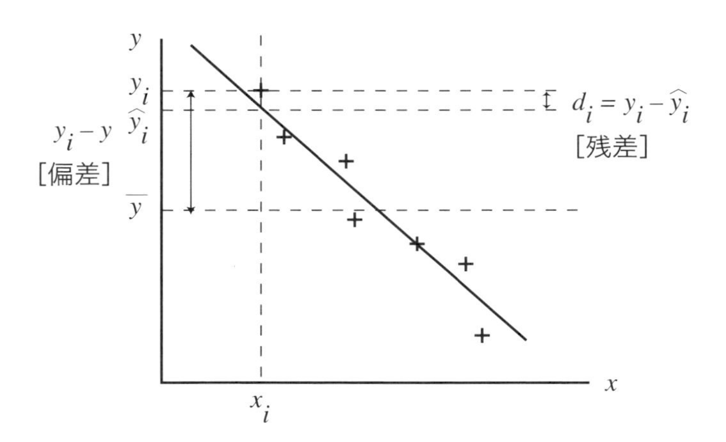

図 8.7　偏差と残差

「相関係数の 2 乗」を**決定係数**とよびます。$r_{xy}^2 = 1$ とは，つまり相関係数 r_{xy} が ± 1 ということですから，もっとも強い相関関係で，散布図上の点は一直線上に並んでいます。ですから，回帰直線はこれらの点を結んだ直線とすればよいので，残差が 0 になるというわけです。

決定係数の意味は，次のように説明できます。式 (8.5) を少し変形して

$$1 - r_{xy}^2 = \frac{\sum d_i^2}{\sum (y_i - \bar{y})^2} = \frac{\sum d_i^2/n}{\sum (y_i - \bar{y})^2/n} \tag{8.6}$$

としてみます。

式 (8.6) の右端の分母は，y 全体の平均からの各 y_i のへだたり，すなわち偏差の，2 乗の平均を計算しています。つまり，これは y の分散を表しています。y の分散は，「回帰直線というモデルを考えなかったときの，もともとの y のばらつき具合」です。一方，分子は，残差の 2 乗の平均になっています。残差は「回帰直線というモデルによる推定値からの隔たり」ですから，分子は「回帰直線というモデルを考えた時の，推定値を中心とする y のばらつき具合」を表しています。

図 8.8 を見ると，もともとの y の分散，すなわちモデルを考えなかったときの y のばらつき具合は，個体が縦軸の上から下まで散らばっているので，かなり大きいです。一方，残差の 2 乗の平均，すなわち回帰直線というモデルを考えた時の，推定値からの y のばらつき具合は，個体（散布図上の点）が回帰直線に沿っ

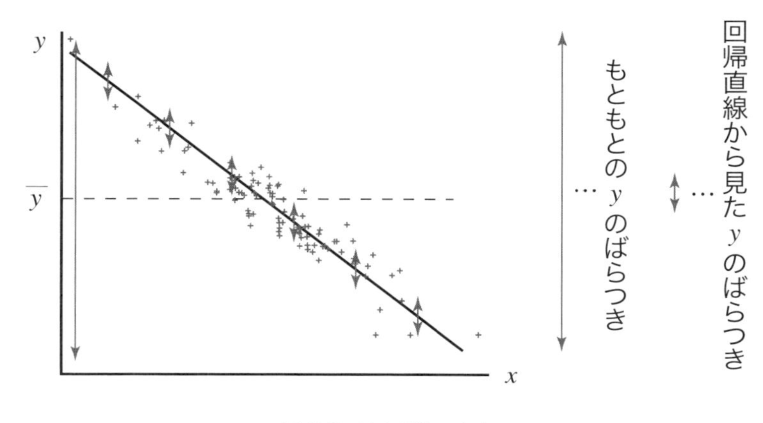

図 8.8　決定係数の意味

て並んでいるので，もともとの y の分散に比べればかなり小さくなっています。

式 (8.6) では，この分数が $(1-r_{xy}^2)$，すなわち（1 − 決定係数）に等しいといっています。つまり，$(1-r_{xy}^2)$ は，「回帰直線というモデルを考えたときの y のばらつき具合」が，「回帰直線というモデルを考えない，もともとの y のばらつき具合」に比べてどのくらい小さくなっているのかを，割合で表したものになっています。すると，r_{xy}^2 自身は，ばらつき具合の減り方の度合いを表していることになります。

例えば，$(1-r_{xy}^2)$ が 0.2 だったとすると，モデルを考えない時の y のばらつき具合に比べて，考えた時の y のばらつき具合は 20% になっているという意味です。このとき，r_{xy}^2 は 0.8 で，モデルを考えることによって，ばらつきが 80% 減少したことになります。これを，統計学では「回帰直線というモデルで，もとの y のばらつきの 80% を説明した」といいます。y がばらついている理由の 80% は，「直線上に並んでいるから」という説明がついた，ということです。

$r_{xy}^2=1$ のとき，すなわち，散布図上の点が直線上に完全に並んでいるときは，分散が 100% 減少して 残差 $=0$ ということですから，データのばらつきは線形単回帰によって 100% 説明がついた，ということになります。

ところで，相関係数は -1 から $+1$ の範囲をとり，相関係数が 0 ならば相関がなく，相関係数が $+1$ ならばもっとも強い正の相関となります。では，相関係数が $+0.5$ であれば，「中くらいの正の相関」になるのでしょうか？

図 8.9 は，(a) は相関係数が 0.5，(b) は相関係数が 0.7 になるようにそれぞれ描

いた散布図です。図を見てわかるように，相関係数が 0.5 のときは，中くらいの相関ではなく，相関はほとんどありません。なぜならば，相関係数 $r_{xy} = 0.5$ のとき，決定係数 $r_{xy}^2 = 0.25$ です。すなわち，回帰直線というモデルを用いて減少する分散，つまりモデルで説明される分散は，もとの 25% でしかなく，もとの y の分散の 75% は回帰直線からの残差にそのまま残っているからです。

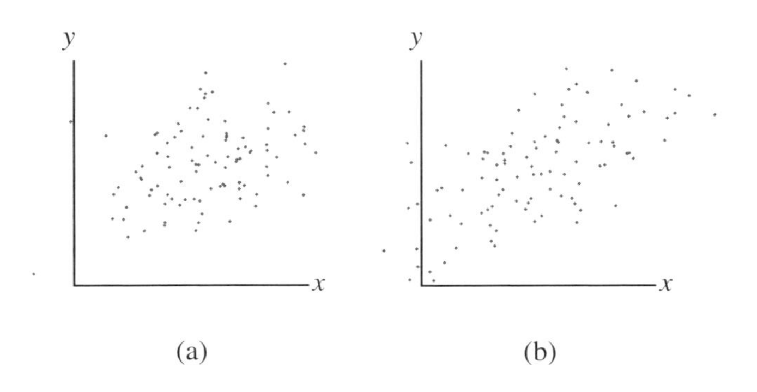

図 8.9　(a) 相関係数が 0.5 のときの散布図．(b) 相関係数が 0.7 のときの散布図．

一方，相関係数が 0.7 であれば，決定係数はその 2 乗の 0.49 で，だいたい 0.5 です。このときは，回帰直線からのばらつきはもとの分散の半分になります。図からもわかる通り，これくらいの相関係数のときが本当の「中くらいの相関」になります。

なお，y が x によって完全に正確に決定される，つまり決定係数が 1 であるということは，言い方を変えれば「データが (x_i, y_i) の組で記録されているが，x_i さえわかれば y_i は計算で求められるから，y_i は記録する必要がない」ことを意味します。また，決定係数が正確に 1 でなくても 1 に近ければ，「x_i がわかれば，y_i の値はだいたい見当がつく」ことになります。

このことは，データを記録する時，決定係数が 1 に近くなるようにデータを変換することができれば，変換後には x_i だけを記録しておけばいいので，データの量を大幅に減らすことができることを意味しています。このような考え方は，情報科学における「データ圧縮」という技術の基盤となっています。

8.4 回帰直線を求めるために

8.4.1 微分と極値

さて，回帰直線を定めるパラメータ a，b を求めるには，式 (8.2) にある

$$L = \sum_{i=1}^{n} \{y_i - (a + bx_i)\}^2 \tag{8.7}$$

を計算して，この L が最小になるように a と b を決定しなければなりません。この計算をするには，第 6 章で説明した**微分**を用います。ここでまず，微分によって最小値を求める方法を説明します。

第 6 章では，平均速度と瞬間速度を例にとって，微分は，関数のグラフのある点での傾きを求める方法であることを説明しました。図 8.10 のように，横軸に時間・縦軸に進んだ道のりを表すグラフを描くと，2 点を結ぶ直線の傾きが平均速度，ある点でのグラフの傾きが瞬間速度で，後者は微分によって求められます。

では，ある点での傾きが正（右上がり）でも負（右下がり）でもなく，0 のときとはどういう場合でしょうか。それは，図 8.11 のように，グラフの山の頂点，あるいは谷の底で傾きを求めた場合です。前者を**極大値**，後者を**極小値**といい，あわせて**極値**といいます。

もし，関数のグラフに，微分が 0 になる点がひとつしかなければ，それはグラフ全体での極大または極小ですから，その点での関数の値は，最大値または最小

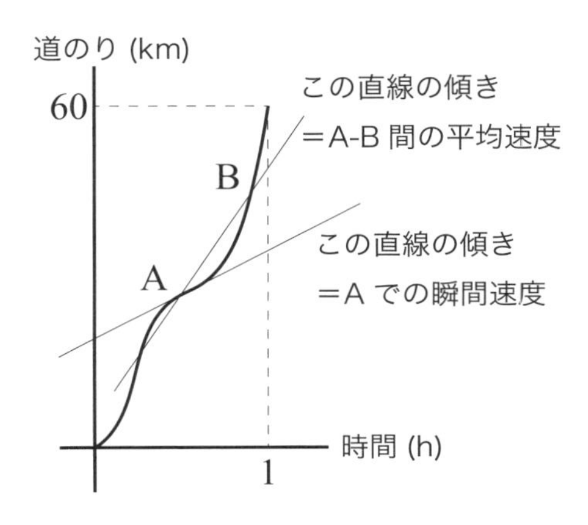

図 8.10　平均速度と瞬間速度

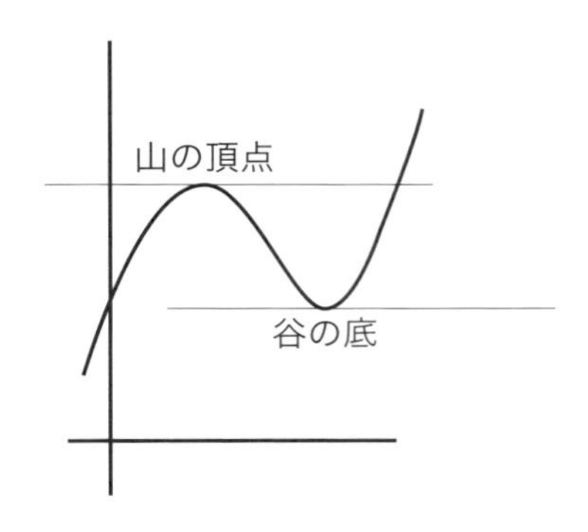

図 8.11　傾きが 0 の点

値です。さらに，その点でグラフが谷になっていることがわかっていれば，微分が 0 である点を求めることで，関数の最小値を求めることができます。

8.4.2　最小 2 乗法と偏微分

では，微分の考えを使って，式 (8.7) の L の最小値を求めてみましょう。それをするには，L という関数を微分して，第 6 章で説明した導関数を求めなければなりません。しかし，第 6 章の説明に出てきた関数 $f(x)$ は x の関数でしたが，では L は何の関数でしょうか？

式 (8.7) には，a，b，x_i，y_i といろいろな文字が入っていますが，いま問題にしているのは，a，b をどういう値にすれば，L がもっとも小さくなるか，ということです。ですから，いまは，L は「a と b」の関数だと考えます。

第 6 章で，関数 $f(x)$ を微分するやりかたを説明した時には，変数は x だけでした。では，a と b の 2 つの変数があるときはどうすればよいのでしょう。その答えは，b は微分とは関係ない定数，つまりただの数字と考えて，a だけを変数と思って微分するというものです。同様に，a を定数と考えて b だけで微分する，という微分も行います。これらを**偏微分**といい，a だけで微分するほうを $\dfrac{\partial L}{\partial a}$，$b$ だけで微分するほうを $\dfrac{\partial L}{\partial b}$ で表します[注4]。

さて，式 (8.7) は i が 1 から n まで変わるときの総和になっていますが，ひとつの i についてみると $\{y_i - (a + bx_i)\}^2$ という形になっています。この式を展

注4　“∂” は何と読むのかと聞かれることがあります。いろいろな読み方があって，何と読んでも数学としての意味は変わらないのですが，数学者は「ラウンド」と読むことが多いようです。

開して，a の降べき順に直してみると

$$
\begin{aligned}
\{y_i-(a+bx_i)\}^2 &= (y_i)^2-2(a+bx_i)y_i+(a+bx_i)^2 \\
&= (y_i)^2-2ay_i-2bx_iy_i+a^2+2abx_i+(bx_i)^2 \\
&= a^2+2(bx_i-y_i)a+\{(y_i)^2-2bx_iy_i+(bx_i)^2\}
\end{aligned}
\tag{8.8}
$$

となります。この式は，a^2 の項，a（の 1 乗）の項，それに a と関係のない定数でできています。こういう式で表される関数を，a の 2 次関数といいます。

この関数がどんなグラフになるかを知るために，$f(a)=a^2$ という関数を考えて，これを微分してみましょう。第 6 章で説明した微分の定義にもとづいて計算すると，

$$
\begin{aligned}
f'(a) &= \lim_{h\to 0}\frac{(a+h)^2-a^2}{h} \\
&= \lim_{h\to 0}\frac{a^2+2ah+h^2-a^2}{h} \\
&= \lim_{h\to 0}\frac{2ah+h^2}{h} \\
&= \lim_{h\to 0}(2a+h)
\end{aligned}
\tag{8.9}
$$

で，最後の行で $h\to 0$ とすると，$f'(a)=2a$ となります。

このことは，$f(a)=a^2$ のグラフを描くと，傾きが $2a$ ですから，a が大きくなるにつれて，傾きが一定の調子でつねに大きくなることを表しています。グラフは図 8.12 のようになり，この曲線は「下に凸の放物線」とよばれています。グラフをみてわかるとおり，下に凸の放物線では谷底，つまり極小が 1 つだけあり，この点で微分が 0 になります。$f(a)=a^2$ の場合は，$f'(a)=2a$ ですから，$a=0$ のとき $f'(a)=0$ となります。つまり，$a=0$ のときが極小になります。極小は 1 つだけですから，この点で関数は最小となります。

式 (8.8) の関数でも，グラフの形はだいたい同じで，下に凸の放物線になります。さらに，$\{y_i-(a+bx_i)\}^2$ を b の関数とみて展開しても，やはり同じような b の 2 次関数になり，グラフはやはり下に凸の放物線になります。

このことは，L，a，b を同時に 3 次元のグラフに描くと，図 8.13 のように，L と a の関係も L と b の関係も，どちらも放物線になった曲面（放物面）になることを示しています。ですから，L を a で偏微分した $\dfrac{\partial L}{\partial a}$ と，b で偏微分した $\dfrac{\partial L}{\partial b}$

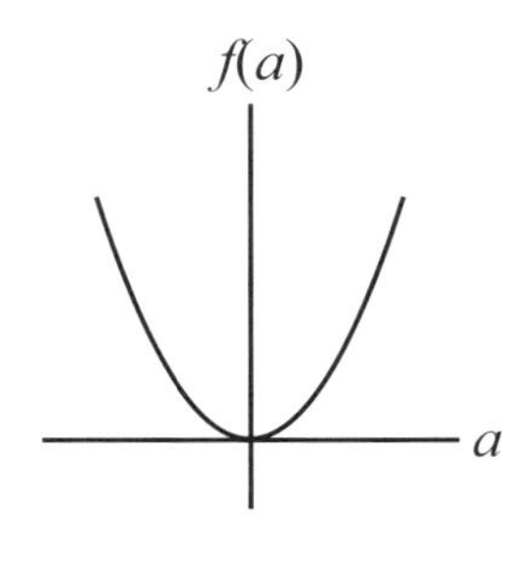

図 8.12　放物線

がどちらも 0 になるような a，b を求めると，その a，b が放物面の谷底，つまり L の最小値になります。

ここでは，偏微分を使って最小 2 乗法を解く考え方を説明しました。実際に偏微分を使って，式 (8.3) のように a，b の値を得る計算は，少し難しいので付録の 8.5.1 節にまとめてあります。

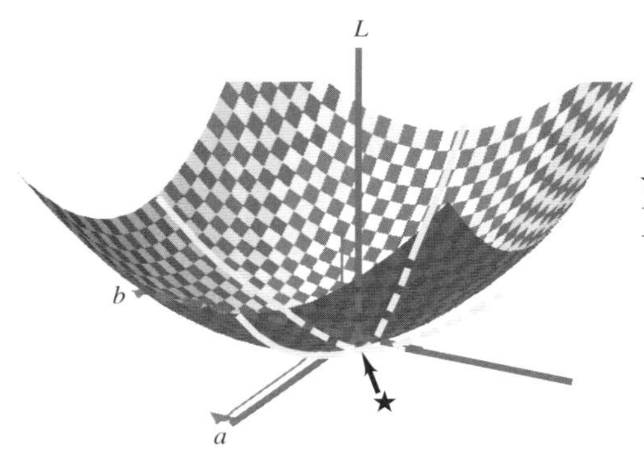

図 8.13　放物面

演習問題

次の記述について，何がどうおかしいか説明してください。

1. 国民所得と酒の消費量の間には正の相関がある。だから，国民が酒をたくさん飲めば所得が増える。

2. 小学１年生から６年生まで，全員に同じ問題の試験をすると，体格と成績には正の相関がある。体格と成績には直接の関連がある。
3. ある電器製品の普及台数は，発売以来毎年倍に増えている。発売後の年数と普及台数の相関係数は，非常に強い相関であるから，ほぼ１である。

演習問題の解説

1. 相関関係は，「因果関係」については何も述べていません。所得が増えたから酒をたくさん飲むのか，酒をたくさん飲むから所得が増えるのか，この問題の場合は常識的に前者とわかります。しかし，相関関係自体は，前者であるとも後者であるとも言っていません。
   なお，相関関係は，因果関係について何も言っていないだけでなく，2 つの変量のうちどちらによってどちらが決まるのかについても，何も言っていません。上の例でいえば，所得が増えるにつれて酒の消費が増えるのか，酒の消費増につれて所得が増えるのか，相関関係においてはどちらでもいいことです。
   一方，回帰分析は，8.2 節の最初で，「一方の変量によって他方の変量が決まるという関係がある」と考えるときに，と述べたように，どちらの変量が主でどちらの変量が従なのかが決めて分析を進めています。本文の例題では，緯度によって気温が決まると考えており，気温によって緯度が決まるとは考えていません。
2. 「小学 1 年生から 6 年生まで，全員に同じ試験をすると，体格と成績には正の相関がある」のは事実です。しかしこれは，「学年が進むと体格が大きくなる」「学年が進むと勉強も進むので，同じ問題で試験をすれば 6 年生のほうが 1 年生よりも出来が良い」という理由にすぎず，体格と成績に直接の関連があるのではありません。
   つまり，図 8.14 (a) のように，「学年と体格」「学年と成績」の間にあるのが本当の相関関係で，その結果「体格と成績」の間にも相関関係があるように見えているわけです。このときの「体格と成績」の間にある相関関係を**見かけ上の相関**あるいは**疑似相関**といいます。
   この本では取り扱いませんが，「体格と成績」の相関関係を，「学年」の影響を取り除いて調べる手法もあります。ただ，注意しなければならないのは，図 8.14 (a) のように「『学年と体格』『学年と成績』の間の相関が本当の相関で，『体格と成績』の間にあるのは見かけ上の相関」というのが正しく，図 8.14 (b) のように「『体格と学年』『体格と成績』の間の相関が本当の相関で，『学年と成績』の間にあるのは見かけ上の相関」ということではないのがわかるのは，統計学の外の知識が必要だということです。この例では常識でどちらが正しいかわかりますが，すぐには判断のつかない問題もたくさんあります。

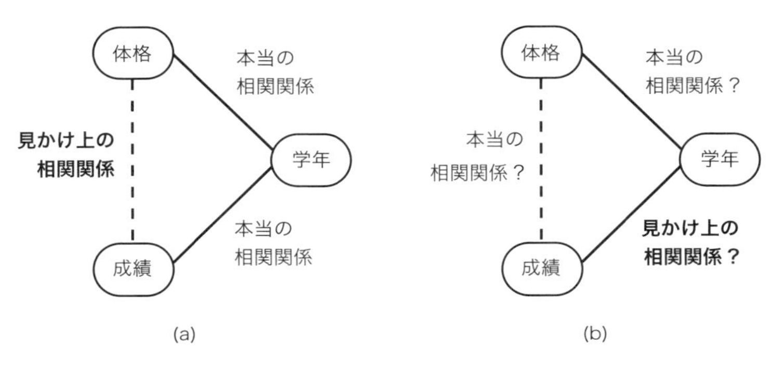

図 8.14　見かけ上の相関

3. 「年数と台数の相関関係が 1 である」とは，年数と台数の増減に直線的な関係があることを意味しています．この問題でいう「1 年ごとに 2 倍になる」場合は，最初の年を 1 とすると 2^0，2^1，2^2，2^3 と増えていく「指数関数」の関係になっています。これを散布図にすると，図 8.15 (a) のように直線には沿わないので，相関係数はほぼ 1 にはなりません．このような場合，図 8.15 (b)

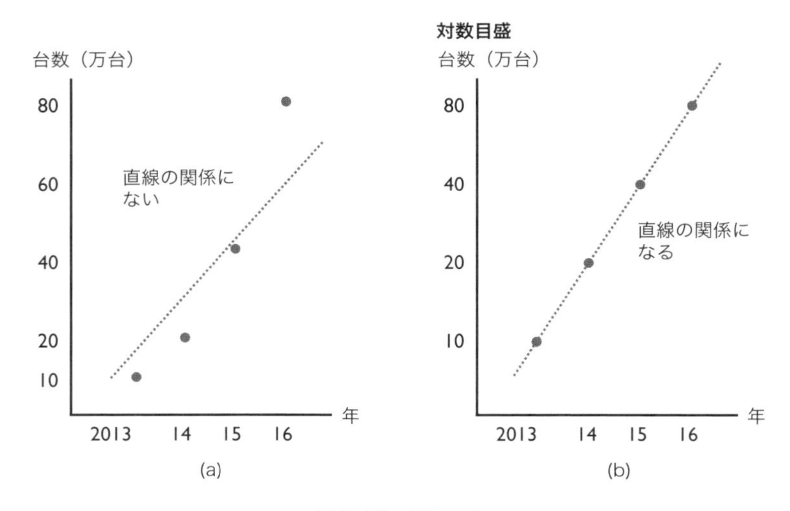

図 8.15　対数目盛

のように，台数を表す縦軸を，縦軸上での一定の長さが一定の増加量を表す通常の目盛ではなく，一定の倍率を表す「対数目盛」にします。こうすると，2^0，2^1，2^2，2^3 はその対数である 0，1，2，3 に置き換わるので，年数と「台数の対数」の増減に直線的な関係ができ，相関関係として取り扱うことができます。

8.5　補足：式の導出

8.5.1　偏微分を用いた最小 2 乗法による，回帰係数の導出（式 (8.3)）

式 (8.2) を展開すると（以下，$\sum$ の添字を省略します），

$$
\begin{aligned}
L &= \sum_{i=1}^{n}\{y_i - (a + bx_i)\}^2 \\
&= \sum y_i^2 - 2b\sum x_i y_i - 2a\sum y_i + na^2 + 2ab\sum x_i + b^2\sum x_i^2
\end{aligned}
\tag{8.10}
$$

であり，L を a，b でそれぞれ偏微分した $\dfrac{\partial L}{\partial a}$，$\dfrac{\partial L}{\partial b}$ をそれぞれ 0 とおくと

$$
\begin{aligned}
\frac{\partial L}{\partial a} &= -2\sum y_i + 2na + 2b\sum x_i = 0 \\
\frac{\partial L}{\partial b} &= -2\sum x_i y_i + 2a\sum x_i + 2b\sum x_i^2 = 0
\end{aligned}
\tag{8.11}
$$

となり，それぞれ整理すると，

$$
\begin{aligned}
na + \left(\sum x_i\right)b &= \sum y_i \\
\left(\sum x_i\right)a + \left(\sum x_i^2\right)b &= \sum x_i y_i
\end{aligned}
\tag{8.12}
$$

という連立方程式（正規方程式といいます）が得られます。ここで，x，y それぞれの平均を

$$
\bar{x} = \frac{\sum x_i}{n},\ \bar{y} = \frac{\sum y_i}{n} \tag{8.13}
$$

とおいて代入すると

$$
\begin{aligned}
na + n\bar{x}b &= n\bar{y} \\
n\bar{x}a + \left(\sum x_i^2\right) b &= \sum x_i y_i
\end{aligned}
\tag{8.14}
$$

となります。式 (8.14) の上段の式から

$$
a = \bar{y} - b\bar{x} \tag{8.15}
$$

が得られます。また，式 (8.14) の上段の式を $\bar{x}$ 倍して下段の式から引くと

$$
\left(\sum x_i^2 - n\bar{x}^2\right) b = \sum x_i y_i - n\bar{x}\bar{y} \tag{8.16}
$$

となるので，

$$
b = \frac{\sum x_i y_i - n\bar{x}\bar{y}}{\sum x_i^2 - n\bar{x}^2} \tag{8.17}
$$

が得られます。

ところで，x の分散を σ_x^2 とすると，

$$
\begin{aligned}
\sigma_x^2 &= \frac{1}{n}\sum (x_i - \bar{x})^2 \\
&= \frac{\sum x_i^2}{n} - 2\bar{x}\frac{\sum x_i}{n} + \bar{x}^2 \\
&= \overline{x^2} - \bar{x}^2
\end{aligned}
\tag{8.18}
$$

ですから，式 (8.17) の分母は $n(\overline{x^2} - \bar{x}^2) = n\sigma_x^2$ となります。また，x，y の共分散を σ_{xy} とすると

$$
\begin{aligned}
\sigma_{xy} &= \frac{\sum (x_i - \bar{x})(y_i - \bar{y})}{n} \\
&= \frac{1}{n}\left(\sum x_i y_i - n\bar{x}\bar{y} - n\bar{x}\bar{y} + n\bar{x}\bar{y}\right) \\
&= \frac{\sum x_i y_i}{n} - \bar{x}\bar{y}
\end{aligned}
\tag{8.19}
$$

となるので，式 (8.17) の分子は $n\sigma_{xy}$ となり，以上から $b = \dfrac{\sigma_{xy}}{\sigma_x^2}$ が得られます。

8.5.2 残差と相関係数（式 (8.5)）

残差の定義から

$$\sum d_i^2 = \sum (y_i - \hat{y_i})^2 = \sum \{y_i - (bx_i + a)\}^2 \tag{8.20}$$

で，さらに本文の式 (8.3) を使って，a を b で表すと

$$\begin{aligned}\sum d_i^2 &= \sum \{y_i - (bx_i + (\bar{y} - b\bar{x}))\}^2 \\ &= \sum [(y_i - \bar{y})^2 - 2b(y_i - \bar{y})(x_i - \bar{x}) + b^2(x_i - \bar{x})^2]\end{aligned} \tag{8.21}$$

となります。ここで，式 (8.3) のとおり

$$b = \frac{\sigma_{xy}}{\sigma_x^2} \tag{8.22}$$

ですから，これを代入すると

$$\begin{aligned}\sum d_i^2 &= \sum (y_i - \bar{y})^2 - 2\frac{\sigma_{xy}}{\sigma_x^2} \sum (y_i - \bar{y})(x_i - \bar{x}) + \left\{\frac{\sigma_{xy}}{\sigma_x^2}\right\}^2 \sum (x_i - \bar{x})^2 \\ &= \sum (y_i - \bar{y})^2 - 2\frac{\{\sum (x_i - \bar{x})(y_i - \bar{y})\}^2}{\sum (x_i - \bar{x})^2} + \frac{\{\sum (x_i - \bar{x})(y_i - \bar{y})\}^2}{\sum (x_i - \bar{x})^2} \\ &= \sum (y_i - \bar{y})^2 - \frac{\{\sum (x_i - \bar{x})(y_i - \bar{y})\}^2}{\sum (x_i - \bar{x})^2} \\ &= \sum (y_i - \bar{y})^2 - \frac{\{\sum (x_i - \bar{x})(y_i - \bar{y})\}^2}{\sum (x_i - \bar{x})^2 \sum (y_i - \bar{y})^2} \sum (y_i - \bar{y})^2\end{aligned} \tag{8.23}$$

となります。ここで相関係数の定義を用いると

$$\sum d_i^2 = \sum (y_i - \bar{y})^2 - r_{xy}^2 \sum (y_i - \bar{y})^2 = (1 - r_{xy}^2) \sum (y_i - \bar{y})^2 \tag{8.24}$$

が得られます。

第9章

確　率

9.1　なぜ統計の本で確率を説明するのか

学校の数学の単元に「確率・統計」というのがあるように，統計学と「確率」はセットで扱われています。また，統計学の本には，ほぼ必ず確率の説明があります。この本でも，この章で確率について説明します。

なぜ，統計学には確率の考えが出てくるのでしょうか？それは，ここまでに述べた方法でデータの性質を調べたくても，データの全体を調べることができない場合があるからです。こういうときには，その一部をくじ引きで選んで調べて，データの性質を推測するという「統計的推測」が行われます。

くじ引きの結果は，偶然によって決まります。ですから，くじ引きの結果にもとづいてデータ全体の性質を推測しても，それがどのくらい実際のデータに合っているかは，偶然によって決まります。

偶然によって決まった結果について，「その結果はありふれたものか，それとも珍しいものか」「どんな結果になりやすいのか」を数量で示そうとするのが，確率の考え方です。

統計的推測の結果がどのくらい実際のデータに合っているかを，確率の考えにもとづいて数量で示す方法は，次章以降で説明していくとして，この章では，まず，確率とは何か，どのように捉えればよいのかを説明します。

9.2　確率は「割合」

9.2.1　頻度による確率の定義

いま，くじを引くと，当たりが出たとします。現実世界では，くじは確かに当たったのであって，それ以外の結果は現れていません。

しかし，われわれは，くじ引きとはいつも当たるものではなく，いま現れている「当たり」は偶然による結果だということを知っています。「偶然による」というのは，他の可能性もあった，つまり偶然によって他の結果になるかもしれなかった，ということを意味しています。この例の場合ならば，「はずれ」が出るという可能性もあった，ということになります。このような「結果が偶然によって決まる現象」を**ランダム現象**といいます。

確率を考えるときは，つねに，この「可能性の集合」を念頭において，考えを進めます。この例の場合ならば,「今は『当たり』という結果が現れたが,『はずれ』が現れる可能性もあった」と考えている,ということです。そして,さらに「どの結果が,どのくらい現れやすいか」を考えます。これを数字で表したのが**確率**です。「現れやすさ」などというものを,どのように数字で表せばよいのでしょうか。ひとつの考え方は,下のようなものです。

ある結果が現れる確率とは,
これからその結果が現れる可能性のある十分多くの回数の機会があるとき,
そのうち本当にその結果が現れる回数の割合である。
次にその結果が現れる確率とは,
遠い将来までの十分多くの回数の機会を考えて初めて言える「結果の回数の割合」を,
次の 1 回の機会にあてはめて述べたものにすぎない。

例えば,くじ引きを十分多くの回数行うとき,10 回に 3 回の割合で当たりが出るとすれば,「あたりが出る確率」は 0.3 であると考えます。このように,確率とは,本来は「遠い将来までの十分多くの回数の機会」を考えたときにはじめていえる,「結果の回数の割合」です。ただ,それを「次にくじを引くと,当たる確率は 0.3」のように,次の 1 回の機会にあてはめて述べています。

ここでいう「当たりが出る」などの「結果」を,確率論の言葉では**事象**といいます。また,事象が起きる機会,この例ならば「くじを引くこと」を**試行**といいます。また,このような確率の考え方を,**頻度による確率の定義**といいます。なお,確率とは「回数の割合」ですから,その値は 0 から 1(0% から 100%)の範囲になります。また,「割合」ですから,確率については「大きい・小さい」という表現を用います。「確率が高い・低い」という表現は,日常的によく用いられますが,統計学では正しくありません[注1]。

しかし,この「定義」にある「これからその結果が現れる可能性のある,十分多くの回数の機会があるとき,」という言い方には,少々おかしなところがあります。

注1 「可能性」という言葉については,「高い・低い」という表現を用います。

1. 「これから」といっているように，確率は「未来のできごと」について述べています。しかし，未来のことは本当はわかりません。過去の経験をもとに，未来も同じようなことが起きるだろうと期待するのは，たいていは妥当かもしれませんが，そういう想像が正しいかどうかは誰にもわかりません。
2. 「十分多くの」といっていますが，何回なら「十分多い」のでしょうか。数学でいう「十分多い」とは，「誰もが納得するほど多く，しかも納得しない人がいたらすぐに増やすことができる」という意味です。

   仮に，10 万回くじを引くことにして，ほとんどの人が「それは十分多い」と納得したとします。しかし，一人でも「いや，それでは十分多いとはいえない」という人がいたら，その人の求めに応じて「では 10 万 1 回に増やしましょう」というように増やせるのが「十分多い」の意味です。もちろん，これでは際限なく増やせる必要があり，現実にはそんなことはできません。

つまり，上で述べた「定義」は，確率とは何かを述べているのは確かです。しかし，それが実際に測れるとは言っておらず，むしろ「実際には測れない」ことを示しているのです。

仮に，あるくじの当たり確率がわかったとしても，次にくじを 1 回引くとき，当たりが出るかどうかは何とも言えません。ただ，「これからもくじを引きつづけると，長い目で見れば 10 回に 3 回の割合で当たりが出るだろう」という数値で，次の 1 回の機会での当たりくじの「出やすさ」を表現しようというのが，確率の考え方です。

たとえば，プロのギャンブラーは日常的に多くの賭けをし，長い目で見た利益を考えていますから，常に確率が大きい方に賭けるほうが有利です。実際，確率論という数学の始まりは，ギャンブラーがさいころ賭博の有利不利を数学者に相談したことでした。しかし，1 回しか賭けをしない人にとっては，「確率が大きい」ことと「次の賭けで勝てる」こととは直接は結びつかないことになります。

しかし，一生に 1 回しか引かないくじで，当たり確率が大きいほうに賭ける意味はあるでしょうか？「ない」とまでは言いませんが，「当たり確率が大きい」ことはあくまで「長い目で見たとき」の話であることは，知っておく必要があります。

9.2.2　ラプラスの定義

高校までの教科書で確率を学ぶ時には，「さいころの各目が出る確率は，いずれも $\frac{1}{6}$ である」ということを前提にしていたと思います。入試の数学の問題に，いちいち「さいころの各目が出る確率は，いずれも $\frac{1}{6}$ である」とは書いてありません。

しかし，頻度による確率の定義から考えれば，次にさいころを振ったときにある目が出る確率は，十分に多くの回数さいころを振ってみなければわからないはずです。しかも，「十分に多くの回数」と言っても，上の 1. で述べた通り，何回振っても十分ではありません。また，さいころを 1 万回振って，そのうち 1 の目が $\frac{1}{6}$ の割合で出たとしても，それはあくまで「過去の実績」であって，その次に 1 万回さいころを振っても，1 の目は 1 回も出ないかもしれません。これも，上の 2. で述べた通りです。

では，なぜ「さいころの各目が出る確率は，いずれも $\frac{1}{6}$ である」と言われているのでしょうか？それは，

1. 各目が同じ確率で出る
2. 各目が出る確率は，いつさいころを振っても同じである

ということを皆が認めているからです。そこで，「さいころには全部で 6 種類の目があって，いずれの目もつねに同じ確率で出るから，各目が出る確率は $\frac{1}{6}$」ということになります。

高校までに習った確率の問題は，このような仮定を認めたうえで，確率すなわち「結果が現れる回数の割合」の問題を，「（さいころの目の種類などの）可能性のある結果の種類の割合」の問題に置き換えたものです。このような確率の考え方を**ラプラスの定義**といいます。

しかし，このラプラスの定義にも，よく考えるとおかしなところがあります。上で「このような仮定を認めれば」と書きましたが，これが認められるかどうかは，さいころを十分な回数振ってみないとわかりません。これでは堂々めぐりです。

つまり，確率の定義には，どのように考えても不完全なところがあります。何かが起きる確率を議論するときには，かならず，確率についての何かの仮定をし

ています。例えば，くじ箱からくじを引くときには，「どのくじも同じ確率で選ばれる」という仮定を，暗黙のうちにしています。このような仮定は，統計的推測においても，「確率分布モデル」という形で行われています。次章以降では，このことも説明しながら，統計的推測について解説していきます。

ところで，確率と仮定について，ここで次の例題を考えてみましょう。

例題　数字や赤黒の色をつけられたマス目が円周上に配置されている円盤を回し，そこへ球を転がして，球がどのマスに落ちるかを賭ける「ルーレット」というゲームがあります。ルーレットでは，赤色のマス目と黒色のマス目が半々になっています[注2]。赤色・黒色のマス目に球が落ちることを，それぞれ「赤が出る」「黒が出る」といいます。
1 回ルーレットを回したとき，赤が出る確率も黒が出る確率も，いつでも $\frac{1}{2}$ だとします。いま，10 回続けて赤が出ているとすると，次は黒が出やすいでしょうか？

数学的には，この問題の答えは大変簡単です。「1 回ルーレットを回したとき，赤が出る確率も黒が出る確率も，いつでも $\frac{1}{2}$」だと問題文に書いてありますから，今回も $\frac{1}{2}$ です。これは，この例題で行っている「仮定」です。□

しかし，これに納得しない人もいるのではないでしょうか？頻度による確率の定義によれば，赤が 10 回続いたならば，次は黒が出る確率が $\frac{1}{2}$ よりも大きくないと，赤と黒の回数の割合がそれぞれ $\frac{1}{2}$ にならないような気がします。

そういう気がするのは，頻度による確率の定義における「十分多く」の意味が，直感とは必ずしも一致しないからです。さいころを 10 回振っても 10000 回振っても，それは「十分多くの回数」とは違います。赤が 10 回続いたからといって，その次にすぐ 10 回黒が出なければいけないわけではありません。「赤が出る確率も黒が出る確率も $\frac{1}{2}$」というのは，もっともっと，「十分に」長い目でみて赤と黒が半々である，ということを言っています。

注2　正確にいうと，赤黒のマス目の他に，色のついていない「0」や「00」があります。

9.3 条件付き確率と「独立」

統計学では，「独立」という言葉がよく出てきます。これは，簡単にいえば，2つのランダム現象があるとき，一方の結果がもう一方の結果に影響しない，という意味です。例えば，2つのくじ引きがあるとき，一方に当たるともう一方にも当たりやすくなる，というときは，2つのくじ引きは独立ではありません。

独立の概念は，正確には**条件付き確率**を使って定義されます。単に「明日雨がふる確率」よりも，「明日雨が降るという予報が出たときに，本当に雨がふる確率」のほうが大きい，というのは，日常感じることです。後者のような確率が条件付き確率とよばれるものです。以下では，その意味を，さいころの各目が出る確率を例にとって，第2章で説明した集合の記号とベン図を使って説明します。

さいころで「3以下の目が出る確率」を，ベン図で表すことを考えます。さいころで，「可能なすべての目」は1，2，3，4，5，6の6通りで，これを集合Ωで表します。一方，「3以下の目」は1，2，3の3通りで，これをΩの内部にある集合Aで表します。

このとき，「3以下の目が出る確率」は，集合Aの要素である事象が起きる確率です。これを，短く「事象Aが起きる確率」といい，$P(A)$で表します。$P(A)$は，「集合Aの要素の数」を$|A|$で表すと，

$$P(A) = \frac{|A|}{|\Omega|} = \frac{3}{6} = \frac{1}{2} \tag{9.1}$$

となります。

さらにもうひとつ，「偶数の目が出る確率」を考えます。同様にして，「偶数の目」は2，4，6の3通りで，これを集合Bで表すと，「偶数の目が出る確率」は$P(B)$で表され

$$P(B) = \frac{|B|}{|\Omega|} = \frac{3}{6} = \frac{1}{2} \tag{9.2}$$

となります。これらをベン図で表すと，図9.1となります。

では，「3以下かつ偶数の目が出る」確率を考えましょう。この事象は，集合AとBの共通部分，すなわち集合$A \cap B$で表されますから，その確率$P(A \cap B)$は

$$P(B) = \frac{|A \cap B|}{|\Omega|} = \frac{1}{6} \tag{9.3}$$

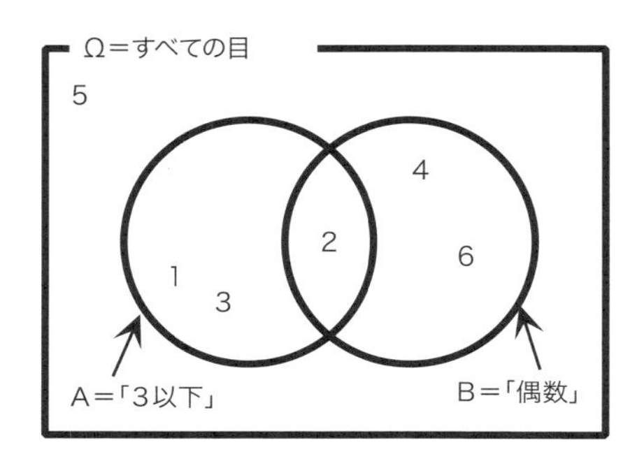

図 9.1　2 つの事象とベン図

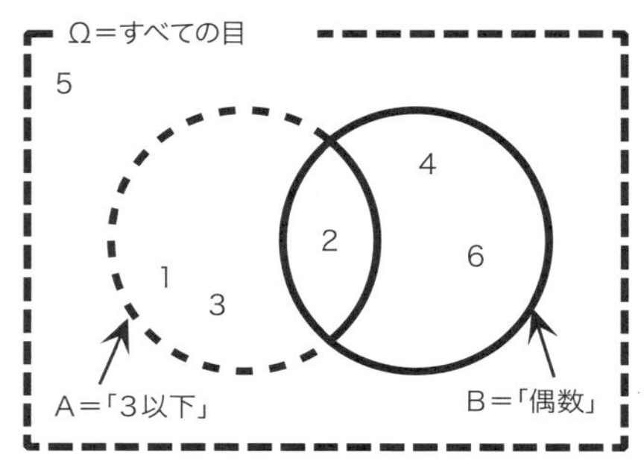

図 9.2　条件付き確率

となります。

ここで，$\dfrac{|A \cap B|}{|B|}$ という分数を考えてみましょう。図 9.2 の太線の部分です。分母が $|\Omega|$ から $|B|$ に変わっていますから，ここでは，「偶数の目」が，ここでの「可能なすべての目」になっています。一方，$A \cap B$ は「3 以下かつ偶数の目が出る」という事象ですが，今は「偶数の目が出る」という事象の中でしか考えていませんから，この事象は単に「3 以下の目が出る」という事象ということができます。したがって，

$\dfrac{|A \cap B|}{|B|}$ ＝ 偶数の目が出るとわかっている時（偶数の目が出るのが確実な時），それが 3 以下である確率

になります。

これを，「B を条件とする，A の条件付き確率」といい，$P(A \mid B)$ という記号で表します。$P(A \mid B) = \dfrac{|A \cap B|}{|B|} = \dfrac{1}{3}$ ですから，「偶数の目が出た」という情報が得られている時に「3 以下の目が出る」確率は，情報が得られていないときに「3 以下の目が出る」確率である $\dfrac{1}{2}$ よりも，小さくなっていることがわかります。つまり，「偶数の目が出た」という情報の影響をうけて，「3 以下の目が出る」確率が変化したことがわかります。

ところで，

$$P(A \mid B) = \frac{|A \cap B|}{|B|} = \frac{\frac{|A \cap B|}{|\Omega|}}{\frac{|B|}{|\Omega|}} = \frac{P(A \cap B)}{P(B)} \tag{9.4}$$

という計算をすると，条件付き確率を他の確率だけで表すことができます。これ

を条件付き確率の定義としている本もあります。ただし，この場合，分母分子それぞれの確率は，いずれにも共通の $|\Omega|$ を分母とする確率でなければならないことに，注意する必要があります。

また，式 (9.4) から

$$P(A \cap B) = P(A \mid B)P(B) \tag{9.5}$$

となります。式 (9.5) は，すなわち

「事象 A と事象 B の両方が起きる確率」
＝「B が起きるという条件で A が起きる条件付き確率」
×「本当に B が起きる確率」

ということです。この式は，$P(A \mid B)$ と $P(A \cap B)$ の違いも，明らかに示しています。

さて，上の例の事象 A が，「3 以下の目」ではなく「2 以下の目」だったらどうでしょう。このときは，「2 以下の目が出る確率」$P(A) = \dfrac{1}{3}$ です。一方，$P(A \cap B) = \dfrac{1}{6}$ や $P(B) = \dfrac{1}{2}$ は変わりませんから，$P(A \mid B) = \dfrac{|A \cap B|}{|B|} = \dfrac{1}{3}$ も変わりません。

したがって，このときは $P(A \mid B) = P(A)$ となります。このときは，「事象 A が起きる確率」と「事象 B が起きるとわかっているときに，事象 A が起きる確率」が同じですから，事象 B が起きるかどうかには関係がないことを意味しています。このとき，事象 A と事象 B は**独立**であるといいます。

事象 A と事象 B が独立のとき，式 (9.4) から

$$P(A \cap B) = P(A)P(B) \tag{9.6}$$

となります。事象 A と事象 B が独立のときこうなるのであって，いつもこうなるのではないことに注意してください。

9.4　確率の三大思い違い

確率という考え方は，現実には起きていないことを取り扱うわけですから，な

かなか理解するのがむずかしいものです。しかし，一方では，日常生活で「確率」という言葉が一般的になっているように，確率の考えを必要とする話題は多いものです。このため，確率に関して一般に言われていることには，よくある間違いというのがあります。ここでは，これらを「三大思い違い」としてまとめておきたいと思います。

9.4.1 「勝手に独立」

前節で説明した通り，事象 A と事象 B が同時に起きる確率は，「A と B が独立のときに限り」，A の起きる確率と B の起きる確率を掛けたものになります。これは「確率の積の法則」とよばれることもありますが，あくまで「A と B が独立のときに限り」という条件がついています。

しかし，これを「どんなときでもかけ算になる」と誤解していることがよくあります。例えば，図 9.3 のような 2 段階式のスクラッチくじを考えてみましょう。上の段で当たりが出ると，下の段に進むことができて，さらに下の段でも当たりが出ると賞品がもらえる，というものです。上の段・下の段それぞれで，3 つの枠のうち 1 つが当たりであるとして，賞品がもらえる確率は $\frac{1}{3} \times \frac{1}{3} = \frac{1}{9}$，と簡

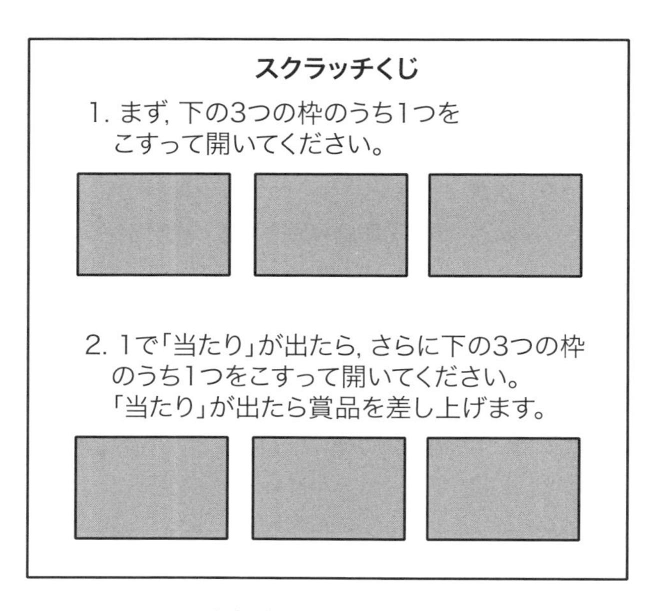

図 9.3 2 段階のスクラッチくじ

単に考えてしまいますが，これは正確ではありません。

「上の段で当たる」という事象と「下の段で当たる」という事象が独立であれば，この計算は間違っていません。しかし，例えば図 9.4 の場合はどうでしょうか。この例では，「上の段で左の枠が当たりなら，下の段では必ず中央の枠が当たり」のように，上の段での当たりの位置によって，下の段での当たりの位置が決まっています。

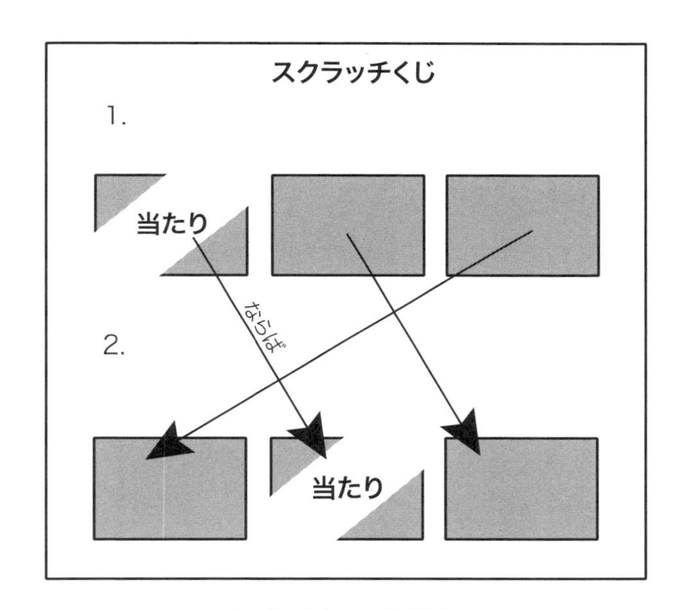

図 9.4　上の段と下の段が独立でない

もしも，くじを引く人がこのことを知っていたら，上の段で当たれば下の段では必ず当たるわけですから，賞品がもらえる確率は $\frac{1}{3}$ です。こうなるのは，「上の段で当たる」という事象と「下の段で当たる」という事象が独立でないからです。

あるいは，下の段での当たりの位置が確実に決まっていなくても，例えば「上の段で左の枠が当たりなら，下の段では中央の枠が当たりやすい」などと知っているならば，これもやはり上の段と下の段が独立ではなく，上の段で当たれば，下の段で当たって賞品がもらえる確率は大きくなります。なお，第 14 章で，独立でないくじ引きについて再び取り扱います。

9.4.2 「勝手に等確率」

道が2つに分かれていて，どちらかだけが目的地に通じていてもう一方は行き止まり，という状況のように，2つの選択肢があって一方だけが成功するという状況は，いろいろと考えられます。このとき，選択肢が2つに1つなのだから，成功する確率はどちらの選択肢でも $\frac{1}{2}$ ずつ，と思いがちです。しかし，それは正しくありません。

例えば，「モンティ・ホール問題」という有名な問題があります。概略は下のようなものです。

> 司会者とゲストがゲームを行う。中身の見えない箱が3つあって，その中のひとつだけに賞品が入っている。ゲストが箱をひとつ選んだところで，箱を開ける前に司会者が「私はどの箱に賞品があるか知っています。あなたが選ばなかった2つの箱のうち，賞品の入っていない箱を開けましょう」といって，空の箱を開ける。
> さて，司会者はゲストに「いまなら，選ぶ箱を残りのもう一つに変えてもかまいません。どうしますか？」と告げる。選ぶ箱を変えるほうが，ゲストにとって有利だろうか？

選択肢は，選ぶ箱を「変える」「変えない」の2通りです。だからといって，これらのどちらについても，賞品がもらえる確率が $\frac{1}{2}$ ずつ，とは限りません。

図9.5のように，3つの箱をA，B，Cとして，ゲストが最初にAを選んだと

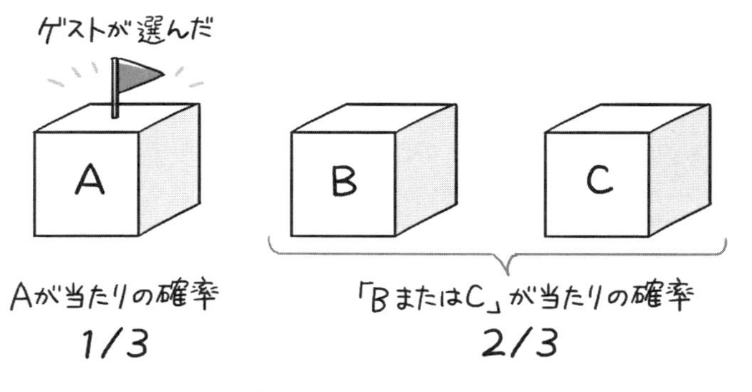

図9.5 モンティ・ホール問題

します。当初，それぞれの箱に賞品が入っている確率は $\frac{1}{3}$ ずつ，と考えるのは，賞品がどの箱に入っているかを推測する手がかりがないので，認めることにしましょう。この時点で，ゲストが選んだ A に賞品が入っている確率は $\frac{1}{3}$，それ以外の「B または C」に賞品が入っている確率は $\frac{2}{3}$ です。

司会者は，B，C のうち空の箱を開けましたが，このとき司会者は B，C のうちどちらが空であるかを知っていて，空の箱を選んで開けています。例えば賞品が B にある場合，司会者は賞品の入っている箱は開けないので，司会者が開けられる箱は自動的に C に決まってしまいます。ですから，司会者の行動が，ゲストに何かの情報を与えることはありません。ゲストが「司会者が B，C のどちらを開けるか」を見ていても，賞品がどこにあるかの手がかりにはなりません。

したがって，図 9.6 のように，司会者が空の箱を開けたあとも，賞品が「B または C」にある確率が $\frac{2}{3}$ であることは変わらないことになります。「B または C」のうち一方はすでに開いていますから，開いていないほうに賞品がある確率が $\frac{2}{3}$ です。したがって，選ぶ箱を変えるほうが有利です[注3]。

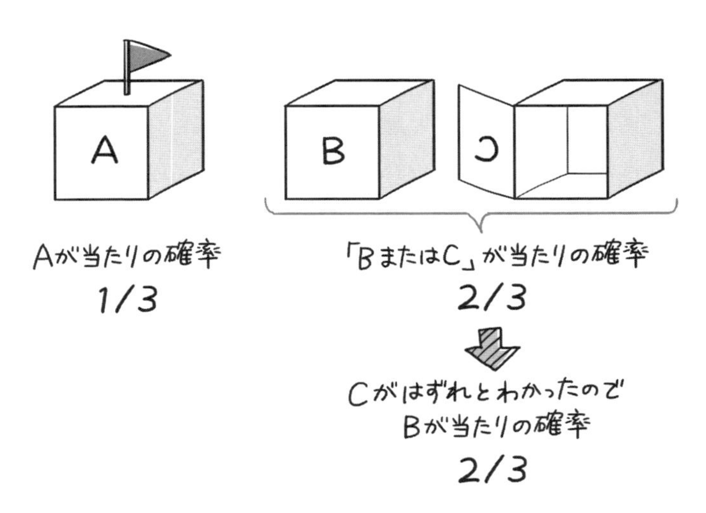

図 9.6　空箱をひとつ開けたら

注3　正確には，この答えが成り立つためには「ゲストが選んだ A に賞品が入っていて，司会者が B，C のどちらを開けてもよいときは，B，C のどちらを開ける確率も同じである」という条件が必要です。なぜならば，もしも「ゲストが選んだ A に賞品が入っているときは，司会者は必ず B を開ける」とわかっていれば，「司会者が B を開けたとすれば，A に賞品が入っている確率が $\frac{1}{3}$ よりも大きくなる」という推測

9.4.3 「勝手に同コスト」

これは，確率そのものに関することではありませんが，よく見落とされる点です。確率の問題では，ランダム現象によってなにかの事象が起きることを想定します。このとき，ここまでにあげたくじ引きや賞品当てゲームのように，「事象が起きることによって得られるもの」に関心が向くことが多いです。もちろん，賞品のように得られるほうがよいものもありますし，災害のようにできれば起きないほうがよいものもあります。

この章で述べたくじ引きやゲームの例では，どの選択肢を選ぶにしても，くじを引く，箱を選ぶという動作は同じです。つまり，選択肢を選ぶのにかかる手間はどの選択肢でも同じですから，選択肢を選ぶのにかかる手間には関心が向きません。しかし，それはゲームなどに限られた，かなり理想化された状況です。

現実の問題では，どの選択肢を選ぶかによって，かかる手間や費用，いわばコストが違います。例えば，災害に対する対策を考えてみましょう。頑丈な建物を建てる，高い防潮堤を建てるなどの選択肢を選べば，地震や津波で被害を受ける確率は小さくなるでしょう。しかし，対策には相応のコストがかかります。たいていは，被害を受ける確率がより小さくなる対策を選ぶほど，大きなコストがかかるでしょう。

ですから，災害に対する万全の対策をといっても，起きる確率がほとんどゼロであるような大災害に対応するための対策に莫大な費用をかけることが，正しいかどうかは疑問が残ります。ましてや，「何月何日に大地震が起きる」という怪しげな予言を信じて，「予言が外れて地震が起きなかったらそれはそれでいいんだから」といって，大がかりな避難をしたりするのは，かなり疑問のある行動です。避難するのにも，移動の費用や仕事を休むことによる損失などのコストがかかるからです。

演習問題

1. 次の各問に答えてください。

   (a) 「盗塁は，成功するか失敗するかどちらかだから，成功するも失敗す

ができるからです。詳しくは，ジェイソン・ローゼンハウス（松浦俊輔訳）「モンティ・ホール問題 テレビ番組から生まれた史上最も議論を呼んだ確率問題の紹介と解説」（青土社）という本をお勧めします。

るも確率は5割ずつ」…これは正しいでしょうか。

(b) プロ野球の日本シリーズの時期になると，「第1試合で勝ったチームが優勝する確率はいくらいくらである」などといった記事が，スポーツ新聞によく載っています。過去の日本シリーズのうち，第1試合で勝ったチームが優勝した回数の割合をいっているわけですが，これは確率といえるでしょうか。

(c) 刑事ドラマで刑事が「彼が犯人である確率は非常に大きい」と言っています。これは「確率」といえるのでしょうか。

2. 冒険を題材にしたあるコンピュータゲームでは，洞窟を通り抜ける間に宝物Aを獲得する確率 $P(A)$ は0.7，宝物Bを獲得する確率 $P(B)$ は0.5です。また，洞窟を出てきた時点で宝物Aをすでに獲得しているプレイヤーが，宝物Bも獲得している確率 $P(B \mid A)$ は0.6です。このとき，

(a) 洞窟を出てきたプレイヤーが，宝物A，Bの両方を獲得している確率はいくらですか。

(b) 洞窟を出てきた時点で宝物Bをすでに獲得しているプレイヤーが，宝物Aも獲得している確率はいくらですか。

演習問題の解説

1. (a) 「盗塁は，成功するか失敗するかどちらか」なのは確かですが，だからといって，「成功」の確率と「失敗」の確率が同じかどうかはわかりません。各選手の能力や状況によって，成功しやすさ・失敗しやすさは変わります。

(b) この記事で述べているのはあくまで過去の結果であり，これからのある1回の機会（1回のシリーズ）については何も言っていませんから，確率とはいえません。

(c) 「彼」が犯人かどうかを判断する十分多くの機会があって，そのうちかなりの割合で彼が犯人である，と言っているわけではありませんから，刑事が言っているのは確率ではありません．これは，刑事の「確信の度合い」あるいは「信念」というべきもので，確率とは別のものです。ただし，この確信度・信念を「主観確率」と呼んで，確率と同じように取り扱

う「ベイズ統計学」という考え方があります[注4]。

2. (a) 求める確率は $P(A \cap B)$ で，条件付き確率の定義から $P(A \cap B) = P(B \mid A)P(A)$ ですから，$P(A \cap B) = 0.7 \times 0.6 = 0.42$ となります。

   (b) 求める確率は $P(A \mid B)$ で，条件付き確率の定義から $P(A \mid B) = \dfrac{P(A \cap B)}{P(B)}$ ですから，$P(A \mid B) = \dfrac{0.42}{0.5} = 0.84$ となります。

注4 9.4.2 節で紹介した「モンティ・ホール問題」について，「当初，それぞれの箱に賞品が入っている確率は $\frac{1}{3}$ ずつ，と考えるのは，賞品がどの箱に入っているかを推測する手がかりがないので，認めることにしましょう」と書きましたが，これは厳密には，各箱についての「賞品の入っている確信度」で，主観確率ということになります。

第 10 章

確率変数と確率分布モデル

10.1 確率変数という考え方

第 3 章で，数式で数字のかわりに用いる X，y 等の文字には，「定数」と「変数」があることを説明しました。定数とは，「式では文字で書いてあるが，実際の問題では，どんな数字に置き換わるかが問題の最初に決まっていて，問題を解いている間は変わらない」ものです。一方，変数とは，「式では文字で書いてあって，しかも実際の問題の中でも途中でいろいろな数に変化する」ものです。

この章では，変数の中でも，それが表す数字がいろいろ変化するだけでなく，「表す数字がランダム現象によって決まる」という変数を説明します。このような変数を**確率変数**といいます。

第 9 章のはじめで，データの全体を調べることができない場合は，その一部をくじ引きで選んで調べて，データの性質を推測する「統計的推測」が行われると述べました。確率変数についても，くじ引きを例にとって考えてみます。

第 9 章で考えたくじ引きは，くじの結果が「当たり」「はずれ」の 2 通りのものでした。このような単純なくじ引きではなく，「賞金：1 等 1000 円，2 等 100 円，はずれ 0 円」のように，結果が賞金の額で表されるくじもあります。このくじでは，「くじ引き」というランダム現象によって，「賞金額」という数値が決まります。したがって，ここでいう賞金は確率変数と考えることができます。

この例で，表 10-1 のように，各賞金が当たる確率が対応しているとしましょう。このように，確率変数について，可能な値とその値になる確率を対応付けて，「確率変数の値がいくらになる確率がどれだけか」を表したものを**確率分布**といいます。また，この例で，賞金という確率変数の確率分布が表 10-1 で表されていますが，このことを「賞金という確率変数は，表 10-1 の確率分布に**したがう**」といいます。

この表を見ると，第 7 章で出てきた「度数分布」と似ているのがわかると思います。第 7 章で例に出てきた度数分布表から，階級値と相対度数の対応だけを取り出すと，表 10-2 に示すような表になります。相対度数も確率も「割合」ですから，これらは本質的には同じものを表しています。違うのは，相対度数は「ある個数の」数値からなるデータの中での割合なのに対して，確率は「十分多くの回数の」試行（この場合なら，くじ引き）の中での割合です。

度数分布と確率分布の間に非常に密接な関係があることは，「統計的推測」の基本的な原理になります。それについては，第 11 章，第 12 章で詳しく述べます。

表 10-2 度数分布表での，階級値と相対度数との対応

階級値	相対度数
20	8%
30	6%
40	6%
50	16%
60	24%
70	16%
80	18%
90	6%

表 10-1 賞金の確率分布

賞金	当たる確率
1000 円	1%
100 円	9%
0 円	90%

さて，第 7 章では，度数分布表からデータの平均や分散を求める方法を説明しました。もう一度書くと

- データの平均 = [階級値 × 相対度数] の合計
- データの分散 = [(階級値 − 平均)^2 × 相対度数] の合計

です。

度数分布と確率分布が本質的に同じものならば，確率分布についても同じ計算をすれば，同じような意味の値が得られるはずです。つまり，「データの平均 = [階級値 × 相対度数] の合計」と同じように，「[確率変数の可能な値 × その値になる確率] の合計」を計算すれば，「確率変数の平均」のようなものが計算できるはずです。

この計算による結果は，たしかに「確率変数の平均」なのですが，とくに「確率変数の**期待値**」という名前がついています。度数分布の平均とは異なるのは，平均ではある現実のデータサイズを想定しているのに対して，期待値では限られた回数の試行ではなく「十分多くの試行」を想定していることです。

例えば，表 10-1 の例では，「賞金」という確率変数の期待値は 1000 円 × 0.01 + 100 円 × 0.09 + 0 円 × 0.90 = 19 円 となります。これは，このくじを十分多く引くと，1 回のくじ引きでもらえる賞金の額の平均が 19 円であることを意味します。

一方，分散についても，度数分布からデータの分散を求めるのと同じ方法で，確率変数の分散を求めることができます。こちらには，期待値のような特別な名前はついておらず，やはり「分散」といいます。確率変数の分散は，十分多くの

回数の試行を行うとき，各試行で確率変数の値がどれほどばらつくかを表しています。

まとめると

- 確率変数の期待値 ＝［確率変数がとりうる値 × その値になる確率］の合計
- 確率変数の分散 ＝［(確率変数がとりうる値 − 期待値)^2 × その値になる確率］の合計

となります。

10.2 確率分布モデルと正規分布，中心極限定理

10.2.1 確率分布モデル

10.1 節では，くじ引きを例として，確率変数と確率分布について説明しました。くじ引きの場合は，何等賞の当たりくじを何本入れるかによって，「1 回のくじ引きで得られる賞金」という確率変数の確率分布を，くじの主催者の都合によって，自由に設定することができます。

一方，自由に設定された確率分布を，くじ引きの結果から正確に推測することは，むずかしいことです。くじを 1 本引いて，1 等賞が当たったとしても，それで表 10-1 のような確率分布を推測することはできません。くじを何本かひけば，当たりが少なそうとか多そうといったことは多少はわかります。それでも，く

じを何本か引くくらいでは，表10-1を正確に言い当てるのは皆目不可能に思えます。

しかし，世の中でよく出会う確率変数には，その確率分布に特定の「パターン」がある場合がよくあります。つまり，ランダム現象はランダムではあるけれども，そのランダムさには，各々のランダム現象が生じる原因があり，それによってそれぞれ特定のクセがあります。

例えば，人の体格にはばらつきがあって，世の中には体の大きな人も小さな人もいます。それぞれの人の体格は，何かの規則で決まっているわけではありません。

しかし，洋服の量販店に行けばすぐにわかるように，世の中には中くらいの体格の人が多く，とても大きい人やとても小さい人は少ないです。ですから，もし「日本男性全員からくじ引きで誰かを選んだ時の，その人の身長」という確率変数を考えたとすると，その確率分布は，中くらいの体格の人が選ばれる確率が大きく，とても大きい人やとても小さい人が選ばれる確率は小さい，というパターンになります。

もしも，この「確率分布のパターン」を数式で表すことができたら，統計的推測を行う計算に使えそうです。第8章で説明した「回帰分析」のとき，「回帰直線」を求める計算をしたのを思い出してください。そこでは，回帰直線が$y = a + bx$という数式で表されているというモデルを考えていたので，データを用いて最小二乗法を行って，パラメータa，bを決定することで，回帰直線を求めました。

パラメータ a, b を決定するだけで直線を描くことができたのは，直線が $y = a + bx$ という数式で表されていたからです。もしも，「確率分布のパターン」も数式で表されていたら，やはりパラメータを決定するだけで，確率分布も推測できます。

このような考え方で，確率分布のパターンを数式で表したものを**確率分布モデル**といいます。確率分布モデルを表す数式は，実際に観測されるさまざまなランダム現象に合わせて，無数の種類があります。

10.2.2　正規分布モデルと中心極限定理

無数にある確率分布モデルの中で，現実の現象についてもっとも頻繁に見られるのは，**正規分布モデル**とよばれるものです。先ほど例にあげた「日本男性全員からくじ引きで誰かを選んだ時の，その人の身長」という確率変数も，それがしたがう確率分布は，ほぼ正規分布モデルで表されることがわかっています。また，何かを測定したときの測定値にはばらつきがあるので，測定値は確率変数として取り扱うべきものですが，これがしたがう確率分布も正規分布モデルで表されます。

このように，世の中に正規分布モデルで表されるランダム現象が多いのは，**中心極限定理**という定理があるからです。中心極限定理とは，おおざっぱにいうと「ある確率変数が，無数の独立な確率変数の平均になっているときは，その確率変数がしたがう確率分布は概ね正規分布になる」というものです。ここでいう平均は「算術平均」のことであり，つまり「無数の独立な確率変数を，足し算の形でミックスする」という意味です。

人の体格がばらついているのは，先祖からの遺伝，食生活，生活環境など，さまざまな原因が合わさったためです。測定値がばらついているのも，温度による伸び縮み，測定器の目盛りを見るときの空気の揺らぎなど，さまざまな原因が合わさったものです。このように，さまざまな偶然によってばらついた確率変数が足し算になっていると，その結果は正規分布になります。

中心極限定理の証明には，もっとも簡単な場合でも，大学の理工系学部の 1，2 年あたりで学習する解析学の知識が必要なため，数学的な証明は本書では扱いませんが，その意味についての直感的な説明を，第 13 章で取り扱います。

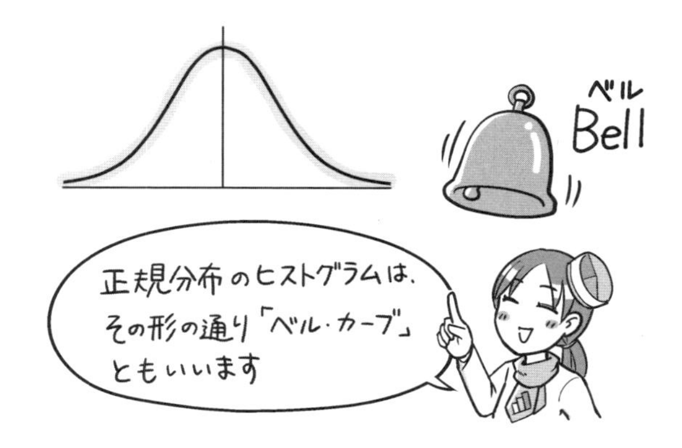

10.2.3　正規分布モデルの性質

度数分布をヴィジュアルに表す「ヒストグラム」を，第7章で説明しました。確率分布も度数分布と同様な表し方ができるはずですから，確率分布モデルもヒストグラムで表してみます。正規分布モデルのヒストグラムを描くと，図10.1のようになります。これのどこがヒストグラムなのか，と思ったでしょうか？

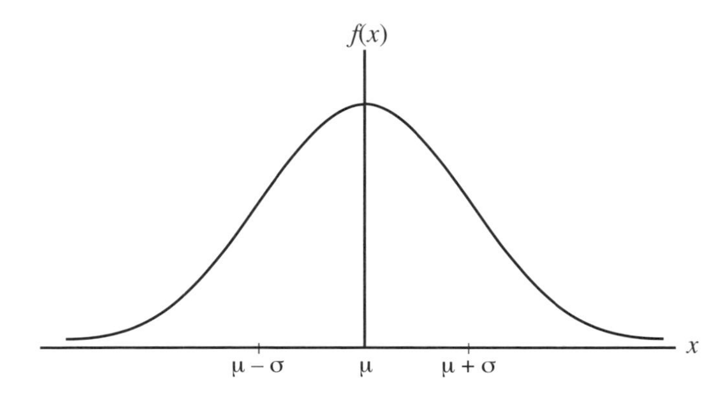

図 10.1　正規分布モデルのヒストグラム

第7章で説明したように，ヒストグラムは，柱の「面積」で相対度数を表しています。確率分布については，相対度数ではなく確率を柱の面積で表すことになります。このとき，賞金が1000円・100円・0円の3通りしかないくじ引きとは違って，確率変数が3通りに限らずどんな値にでもなる場合を考えます。

ヒストグラムは柱の面積で相対度数や確率を表しているので，やはり第7章で説明したように，ヒストグラムの柱はくっつけることも，分割することもできます。「確率変数がどんな値にでもなる場合」というのは，確率分布において階級がものすごく細かく分かれて，階級幅がものすごく狭くなった状態と考えることができます。これをヒストグラムにで表すと，柱を十分に細かく分割して，ひとつひとつの柱を十分に狭くしたことに相当します。

その結果，「確率変数がどんな値にでもなる場合」のヒストグラムである図 10.1 では，柱が見えなくなってしまいました。それではヒストグラムは描けないので，ヒストグラムの柱の上の縁をつないだものを，図に表しています。

柱の区切りが細かすぎて見えなくても，ヒストグラムであることにはかわりはありません。ですから，柱の面積で確率を表すのは同じです。図 10.2 の左のヒストグラムで，グレーに塗った柱の面積は，確率変数の値がその下の「ある範囲」に入る確率を表しています。これが，右のように柱が見えなくなっても，やはりグレーの部分の面積が，同じ確率を表しています。

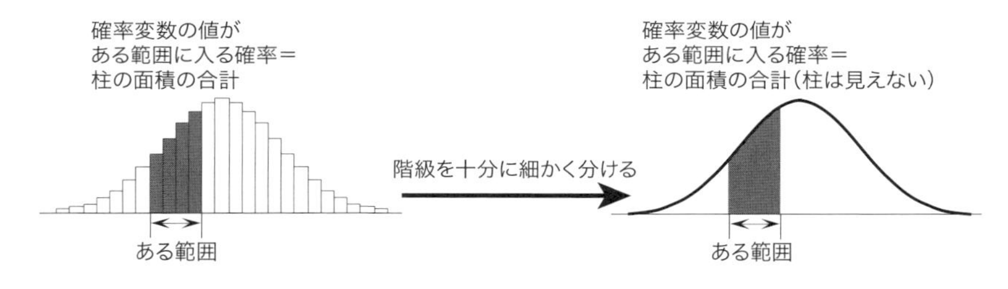

図 10.2　柱を十分に細かく分ける

正確には，このように柱が見えなくなったヒストグラムで表される確率分布を「連続型確率分布」といい，ヒストグラムの柱の上の縁をつないだものを「確率密度関数」といいます。これらについては，第 12 章であらためて説明します。

さて，確率分布モデルを用いると，その数式のパラメータがわかれば，確率分布全体が決まるという説明をしました。正規分布モデルのパラメータは，幸いなことに，期待値と分散というわかりやすい量です。確率変数 X のしたがう確率分布が「期待値 μ，分散 σ^2 の正規分布」であることを，「確率変数 X は正規分布 $N(\mu,\sigma^2)$ にしたがう」といいます。記号を使って「$X \sim N(\mu,\sigma^2)$」と書くこともあります[注1]。

注1　N は normal の N で，正規分布の英語 "normal distribution" から来ています。

図 10.1 で示した，正規分布モデルの確率密度関数を表すグラフの形は，期待値 μ のところがいちばん高く，左右対称に広がっています。また，グラフの中央部の広がりが，標準偏差 σ に対応しています[注2]。なお，グラフの両端では横軸に近づいていきますが，横軸に接することはなく，グラフは左右とも無限に広がっています。

図 10.3 は，期待値 0 で標準偏差が 0.5，1.0，1.5 の各場合に，正規分布の確率密度関数を描いたものです。標準偏差が大きくなるほど，グラフの中央部の広がりが大きくなり，そのぶん山の高さが低くなります。

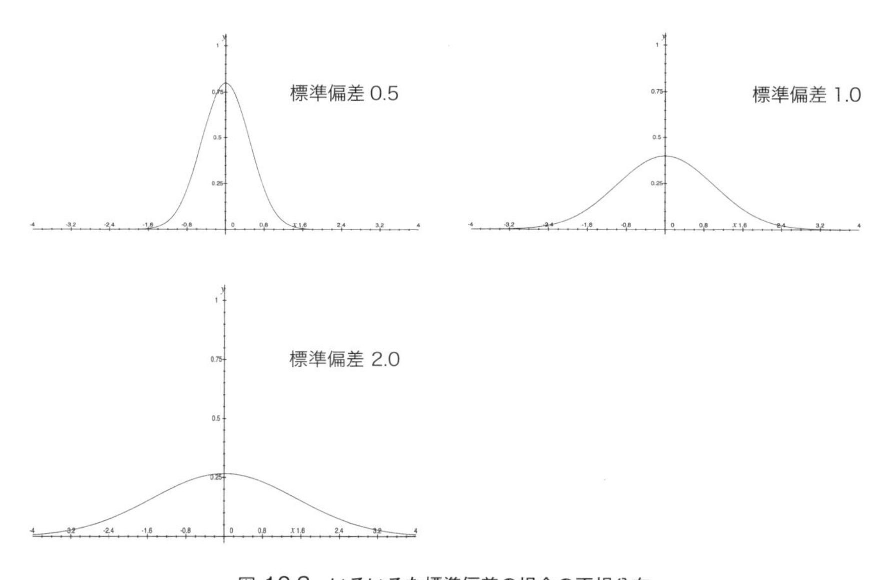

図 10.3　いろいろな標準偏差の場合の正規分布

正規分布には，次の大変重要な性質があります。

確率変数 X が期待値 μ，分散 σ^2 の正規分布 $N(\mu, \sigma^2)$ にしたがうとき，確率変数 $\dfrac{X-\mu}{\sigma}$ は正規分布 $N(0, 1)$ にしたがう

注2　正確にいうと，横軸の $\mu+\sigma$，$\mu-\sigma$ の位置が，グラフの変曲点（上に凸の部分と下に凸の部分が切り替わる点）にあたります。

図 10.4 で，この操作を確認してください。確率変数 $\dfrac{X-\mu}{\sigma}$ とは，確率変数 X のどんな値に対しても，いずれも μ をひいて σ で割るという操作を行って，新しい確率変数を作ったものです。元の確率変数 X の期待値が μ，分散が σ^2 のとき，確率変数 $\dfrac{X-\mu}{\sigma}$ の期待値が 0，分散が 1 になるのは，正規分布モデルに限ったことではありません。

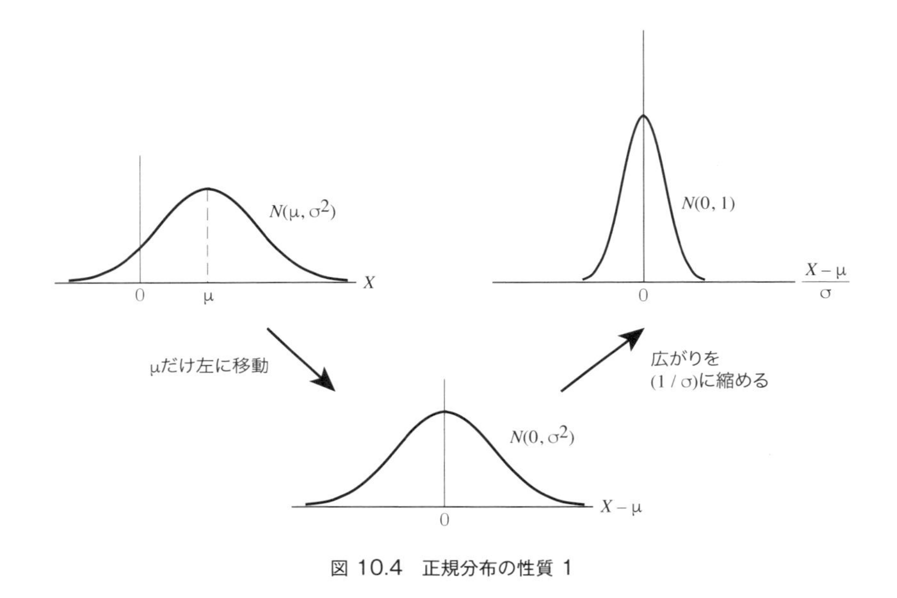

図 10.4　正規分布の性質 1

なぜならば，確率変数 X の期待値が μ のとき，確率変数 X のどんな値に対しても μ を引くという操作をすると，確率変数 X のどんな値でも同様に μ だけ差し引かれます。期待値は，計算としては平均と同じですから，どの値も μ だけ差し引かれると，期待値も μ だけ差し引かれて，計算後の期待値は $\mu-\mu=0$ となります。この計算では，確率変数のどんな値も同じ μ だけ差し引かれているだけなので，ばらつきは変化していません。ですから，分散は変化せず σ^2 のままです。

続いて，確率変数 $(X-\mu)$ を標準偏差 σ で割ると，確率変数 $(X-\mu)$ のどんな値も $\dfrac{1}{\sigma}$ になります。分散の計算には 2 乗が入っていますから，確率変数を σ で割ると，分散は $\dfrac{1}{\sigma^2}$ になります。もとの分散が σ^2 ですから，計算後の分散は $\dfrac{\sigma^2}{\sigma^2}=1$ となります。

さて，ここでとくに「正規分布の重要な性質」として述べていることは，確率変数 $\dfrac{X-\mu}{\sigma}$ の期待値が 0，分散が 1 になることだけでなく，

> 元の確率変数 X が正規分布にしたがうならば，変換後の確率変数 $\dfrac{X-\mu}{\sigma}$ は期待値が 0，分散が 1 の正規分布にしたがう

ということです。この，期待値が 0，分散が 1 の正規分布，すなわち $N(0,1)$ を，**標準正規分布**といいます。この性質を，この本では以後「正規分布の性質 1」とよぶことにします。

さて，正規分布モデルにしたがう確率変数がある範囲の値になる確率を求めるためには，図 10.2 のグレーの部分の面積を求めるのと同じ計算をしなければなりません。これは，第 6 章で説明した積分の計算です。しかし，実際にはいまあらためて積分を計算する必要はなく，すでに計算された結果をまとめて作られた「正規分布表」という数表を利用することができます。本書の巻末にも，正規分布表が付いています。また，Excel 等の表計算ソフトでも，正規分布に関する計算ができるようになっています。

正規分布表は，「標準正規分布にしたがう確率変数 Z がある値 z 以上である確率」$P(Z \geqq z)$ を計算した数表で[注3]，確率密度関数のグラフにおいては図 10.5 のグレーの部分の面積になります。標準正規分布の確率密度関数は $z=0$ に対して

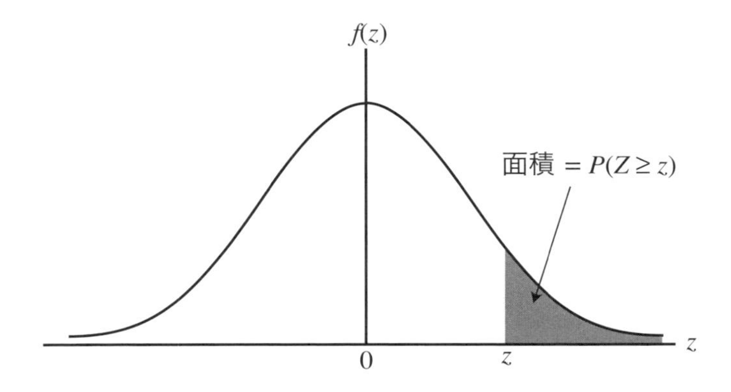

図 10.5　標準正規分布の確率密度関数のグラフ上で「確率変数 Z が値 z 以上である確率」$P(Z \geqq z)$

注3　標準正規分布にしたがう確率変数を，しばしば文字 Z で表す習慣があります。

左右対称なので，数表は $z \geqq 0$ についてのみ掲載されています。

さきほどの「正規分布の性質 1」を使うと，期待値・分散がどんな値の正規分布でも，それにしたがう確率変数 X がある値 x 以上である確率を，この数表だけで求めることができます。次の例題で見てみましょう。

例題　確率変数 X が，期待値 50，分散 10^2 である正規分布 $N(50, 10^2)$ にしたがうとします。

1. X が 60 以上である確率，すなわち $P(X \geqq 60)$ を求めてください。
2. X が 50 以上 60 以下である確率，すなわち $P(50 \leqq X \leqq 60)$ を求めてください。

正規分布の性質 1 にもとづいて，$Z = \dfrac{X - 50}{10}$ のように変換する計算を行うと，この確率変数 Z は標準正規分布 $N(0, 1)$ にしたがいます。

1. $X = 60$ のとき $Z = \dfrac{60 - 50}{10} = 1$ ですから，求める確率は $P(Z \geqq 1)$ です。

正規分布表では，「標準正規分布にしたがう確率変数 Z が z 以上である確率」を求めるのに，縦横の見出しから z の値を探して，それに対応する確率の値を表の中から読み取ります。

図 10.6 は，正規分布表の一部を抜き出したものです。縦の見出しは，z の値の小数第 1 位までを，横の見出しは小数第 2 位を表しています。いまの例題では，z の値は 1.00 ですから，縦の見出しで 1.0，横の見出しで 0.00 を探します。そし

	0.00	0.01	0.02	0.03	0.04	0.05	
0.0	0.50000	0.49601	0.49202	0.48803	0.48405	0.48006	
0.1	0.46017	0.45620	0.45224	0.44828	0.44433	0.44038	...
0.2	0.42074	0.41683	0.41294	0.40905	0.40517	0.40129	
0.3	0.38209	0.37828	0.37448	0.37070	0.36693	0.36317	
0.4	0.34458	0.34090	0.33724	0.33360	0.32997	0.32636	
			⋮				
1.0	0.15866	0.15625	0.15386	0.15151	0.14917	0.14686	...

図 10.6　正規分布表の見かた

て，それらの見出しに対応する行と列の交点にある「0.15866」が，「標準正規分布にしたがう確率変数 Z が 1.00 以上である確率」すなわち $P(Z \geqq 1)$ の値を示しています。

2. $X = 50$ のときは，$Z = \dfrac{50 - 50}{10} = 0$ ですから，求める確率は $P(0 \leqq Z \leqq 1)$ です。この確率は，図 10.7 (a) のグレーの部分の面積となります。

ここで，図 10.7 (b) のグレーの部分の面積は，グラフの下の部分全体の面積です。グラフは左右に無限に広がっていますから，この確率は，「無限大」を表す記号 ∞ を使って $P(-\infty < Z < \infty)$ と表されます。この確率は，確率変数 Z が「なんでもいいから，何かの値である」確率なので，1（100%）です。また，図 10.7 (c) のグレーの部分は，Z が 0 以上である確率 $P(Z \geqq 0)$ ですが，これは図 10.7 (b) のグレーの部分の面積の半分なので，0.5 です。

したがって，求める $P(0 \leqq Z \leqq 1)$ は，図 10.7 (d) に示すように，$P(Z \geqq 0) - P(Z \geqq 1)$ です。$P(Z \geqq 0)$ は上で述べた通り 0.5 で，$P(Z \geqq 1)$ はこの例題の 1. のとおり 0.15866 ですから，$P(0 \leqq Z \leqq 1) = 0.5 - 0.15866 = 0.34134$ です。□

現在では，表計算や統計解析ソフトを用いれば，この例題で行ったように標準正規分布に変換して数表を見るという面倒な手続きをしなくても，期待値と分散，それに確率変数の値の範囲を入れるだけで，すぐに確率が求められます。し

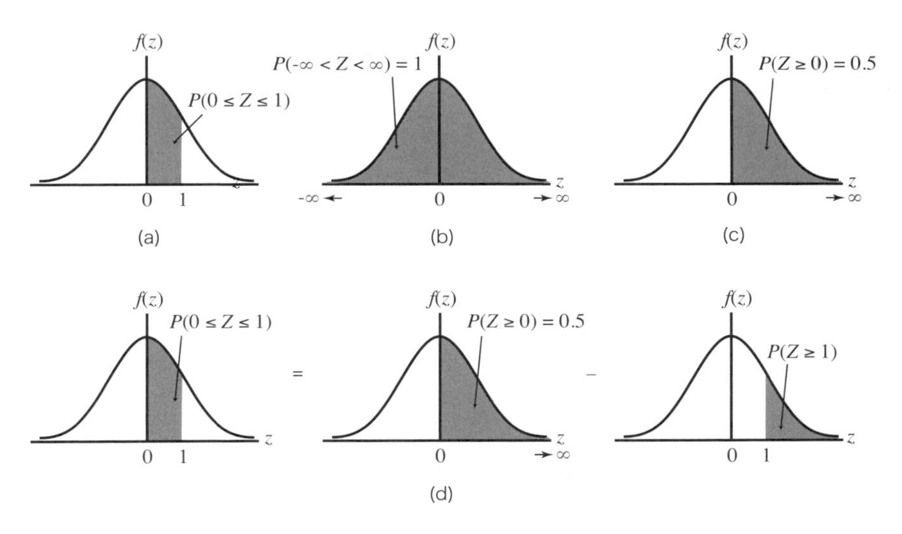

図 10.7 例題の 2.

かし，読者には，このように図と数表を用いて手作業で数値を求める経験を，一度はしておいていただきたいと思います。なぜならば，数値を入れるだけで答えが出ることに慣れてしまうと，計算の過程が目に見えないので，数値を入力するときに重大な誤りをしていても見過ごしてしまうことがあるからです。

著者は，自分の研究で統計処理を使うとき，データの一部を使って手作業で計算するという手順を，必ず一度は行うようにしています。

演習問題

確率変数 X が，期待値 40，分散 5^2 の正規分布 $N(40, 5^2)$ にしたがうとき，次の確率を求めてください。

1. $P(X \geqq 50)$
2. $P(X \leqq 35)$
3. $P(25 \leqq X \leqq 55)$
4. $P(45 \leqq X \leqq 50)$

演習問題の解説

確率変数 X が正規分布 $N(40, 5^2)$ にしたがうので，$Z = \dfrac{X-40}{5}$ とすると，正規分布の性質 1 によって，Z は標準正規分布 $N(0,1)$ にしたがいます。以下，それぞれの計算は，図 10.8 も参照してください。

1. $X = 50$ のとき，$Z = \dfrac{50-40}{5} = 2$ ですから，求める確率は $P(Z \geqq 2)$ です。数表から，$P(Z \geqq 2) = 0.022750$ です。
2. $X = 35$ のとき，$Z = \dfrac{35-40}{5} = -1$ ですから，求める確率は $P(Z \leqq -1)$ です。正規分布のヒストグラム（確率密度関数）は左右対称ですから，$P(Z \leqq -1) = P(Z \geqq 1)$ です。数表から，$P(Z \geqq 1) = 0.15866$ です。
3. $X = 25$ のとき $Z = \dfrac{25-40}{5} = -3$ で，$X = 55$ のときは $Z = \dfrac{55-40}{5} = 3$ ですから，求める確率は $P(-3 \leqq Z \leqq 3)$ です。
   $P(-3 \leqq Z \leqq 3) = 1 - (P(Z \leqq -3) + P(Z \geqq 3))$ で，
   数表から $P(Z \leqq -3) = P(Z \geqq 3) = 0.0013499$ ですから $P(-3 \leqq Z \leqq$

$3) = 1 - 2 \times 0.0013499 = 0.99730$ となります。

4. $X = 45$ のとき $Z = \dfrac{45-40}{5} = 1$，$X = 50$ のとき $Z = \dfrac{50-40}{5} = 2$ ですから，求める確率は $P(1 \leqq Z \leqq 2)$ です。$P(1 \leqq Z \leqq 2) = P(Z \geqq 1) - P(Z \geqq 2)$ で，数表から $P(Z \geqq 1) = 0.15866$，$P(Z \geqq 2) = 0.022750$ ですから $P(1 \leqq Z \leqq 2) = 0.15866 - 0.022750 = 0.13591$ となります。

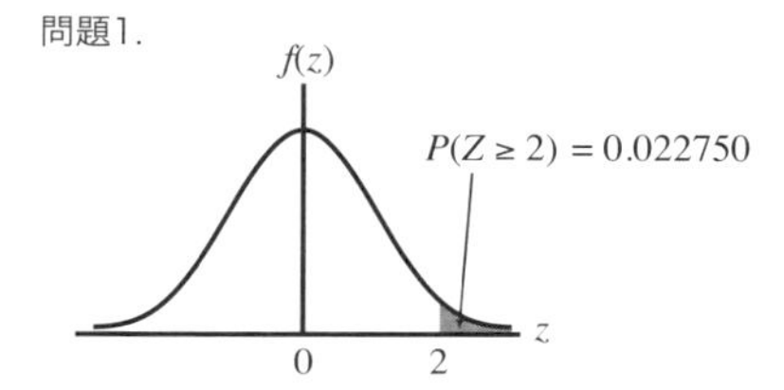

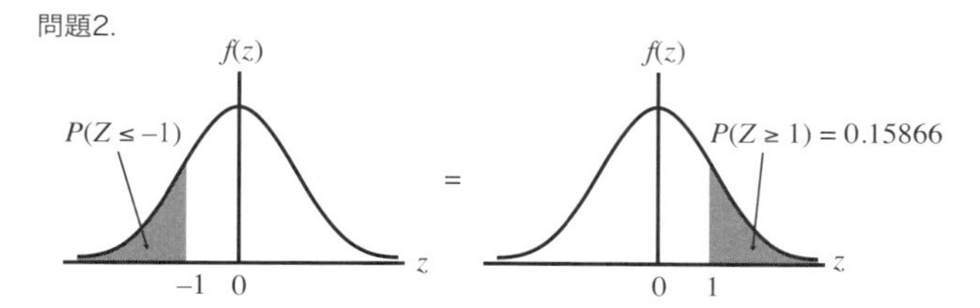

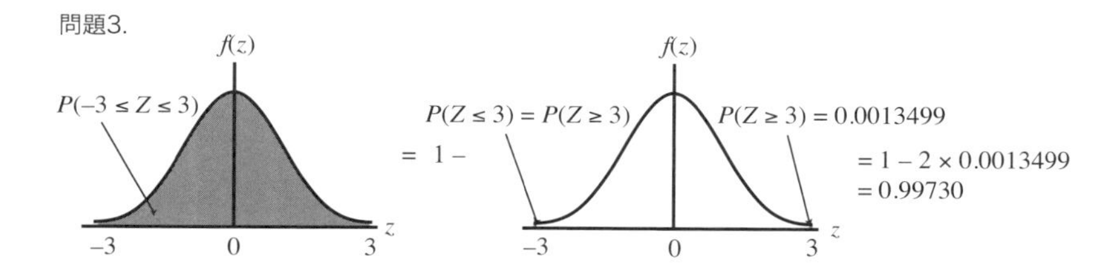

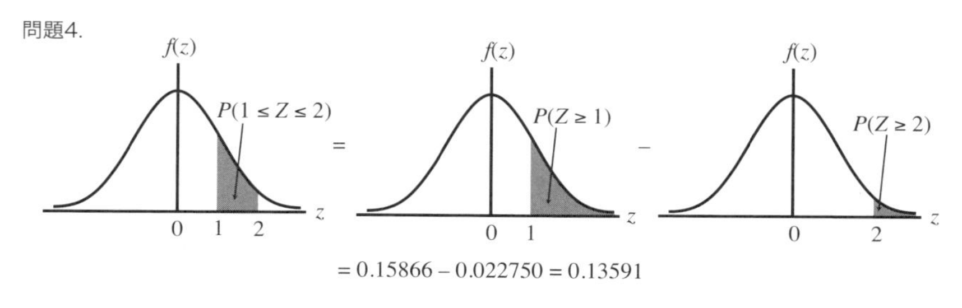

図 10.8　演習問題の解説

第3部

統計学発展編

統計学がわかれば、自分の仮説の証明もできます
ニャんと！
① データを集める
にゃ～
ニャ！
にゃあ
色々な猫を調べる！
② 仮説が正しいかどうか…
私は
耳の大きい猫は、よく眠る
と思います
③ 統計学でデータを分析！
睡眠
耳の大きさ
そんな説、初耳ニャ！本当か気になるニャ！
うふふ
統計学はあらゆることに使えます♪

第11章

統計的推測と大数の法則

11.1 統計的推測とは何をすることか

第 8 章までで，データを度数分布という形式で整理する方法と，さらに平均や分散を計算することで度数分布を要約する方法を説明しました。度数分布を求めるには，データの中のすべての数値を調べなければなりません。しかし，ここまでの例で，日本男性の身長の分布といった例をあげてきましたが，すべての日本男性の身長を調べるのは，現実問題として不可能です。

そこで，データ全体を調べることがむずかしいとき，そのデータの一部を調べて，その結果から度数分布を推測したり，あるいはせめてデータ全体の平均あるいは分散だけでも推測する方法を考えます。これが**統計的推測**です。この手法は「くじ引き」の考え方が基本になっています。

統計的推測では，データの一部しか調べていないのに，データ全体のようすを知ろうというのですから，推測した結果は間違っている可能性があります。

たとえば，日本男性全体の身長の平均を，10 人だけを調べて，その平均で推測するとしましょう。背の高い人・低い人，いろいろな人を 10 人取り出せば，10 人の平均は日本男性全体の平均に近いものになるでしょう。しかし，身長 180cm 以上の人ばかりを取り出してしまったら，「日本男性全体の身長の平均は，185cm ぐらいだろう」などといった，誤った結論を出してしまうことになります。

もちろん，「わざわざ」背の高い人ばかりを選んで，わざわざ間違った推測を行う必要はありません。しかし，10 人を取り出すときには，まだ身長の平均などを知らないわけですから，何 cm くらいなら高い，何 cm くらいなら低い，といったことはわかりません。「身長 180cm は高いだろう」と思うかもしれませんが，それは「日本男性の平均身長」を，正確な数値としては知らなくても，経験的には見当がついているからです。これがもし宇宙人だったら，まったく見当がつきません。ですから，「背の高い人・低い人，いろいろな人」を選ぶことはできません。

そこで，この 10 人を「公平なくじ引き」で選ぶことにします。「公平なくじ引き」とは，「どの人も同じ確率で選ばれる」というくじです。公平なくじ引きで選んだとしても，背の高い人ばかりが選ばれて，誤った結論を出してしまう可能性はあります。しかし，もし日本男性に身長 180cm 以上の人が少ないのなら，10 人選んだときにその人たちが 180cm 以上である可能性は小さいですから，この方法で誤った結論を出す可能性は小さいことになります。

統計的推測の言葉では，このようなくじ引きを**無作為標本抽出（無作為抽出）**といいます。また，「日本男性の身長全体」のような，調べたいデータの集まりを**母集団**，調べるために取り出した数値の集まりを**標本**，取り出した数値の個数を**標本の大きさ**あるいは**標本サイズ**といいます注1。

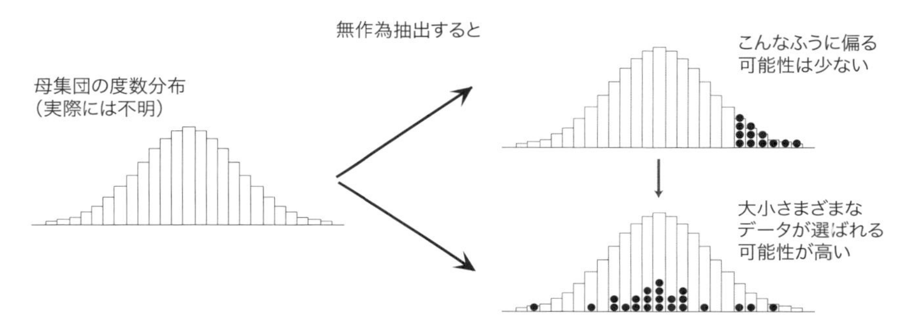

図 11.1　無作為抽出の考え方

11.2 度数分布と標本の確率分布

「くじ箱の中の当たりくじの割合が 20% のとき，当たる確率は 20% である」ということは，当たり前のように思われています。それは本当でしょうか？

それが本当であるためには，箱の中の特定のくじが選ばれやすかったり，あるいは当たりが出たら次ははずれが出やすい，といったことがなく，「どのくじもつねに同じ確率で選ばれる」くじでなければなりません。これが「公平なくじ引き」で，前節の「無作為抽出」と同じです。

つまり，公平なくじ引きでは，

1. どのくじも，同じ確率で選ばれる
2. 各くじが選ばれる確率は，他にどんなくじが選ばれたかには影響されない

ということになっています。2 番目の条件は，何度かくじを引くとき，各回のく

注1　「標本」という言葉は，「データ」という言葉と同じく，数値の集まりをさすので，「標本の数」とはいいません。

じ引きが互いに，第 9 章で説明した「独立」であることを意味しています。このとき，

　どのくじも選ばれる確率は同じ
→ひとつのくじが選ばれる確率は，$\frac{1}{(\text{くじの総数})}$
→くじ箱の中の当たりくじが 20% 入っているのなら，当たりくじの総数は 20% × (くじの総数)
→当たりくじが選ばれる確率は，$\frac{1}{(\text{くじの総数})}$ × 20% × (くじの総数)，すなわち 20%

という常識的な考えがなりたちます。これは，第 9 章でさいころの例を使って説明した，確率の「ラプラスの定義」に相当します。

これを，当たりはずれのくじ引きではなく，度数分布の場合で考えてみましょう。日本人男性全体の度数分布において，階級値 172.5cm の相対度数が 20% だとしましょう。そうすると，上の原理から，日本人男性全体からあるひとりの人を無作為標本抽出したとき，選ばれた人が階級値 172.5cm の階級に属している確率は 20% です。これは，どの階級についても同じです。つまり，

　母集団のある階級の相対度数
　＝その母集団から無作為抽出された標本が，その階級に属する確率

となります。これを度数分布全体でみると，度数分布とまったく同じ「確率の分布」ができます。これは，第 10 章で説明したような「確率分布」になっています。つまり，

　母集団の度数分布（**母集団分布**）
　＝その母集団から標本を無作為抽出したときの，標本の確率分布

となります。この関係が，統計的推測を実現する手がかりとなります。

11.3 大数の法則，「たいてい」と「ほぼ」

前節で，「母集団分布は，その母集団から標本を無作為抽出したときの，標本

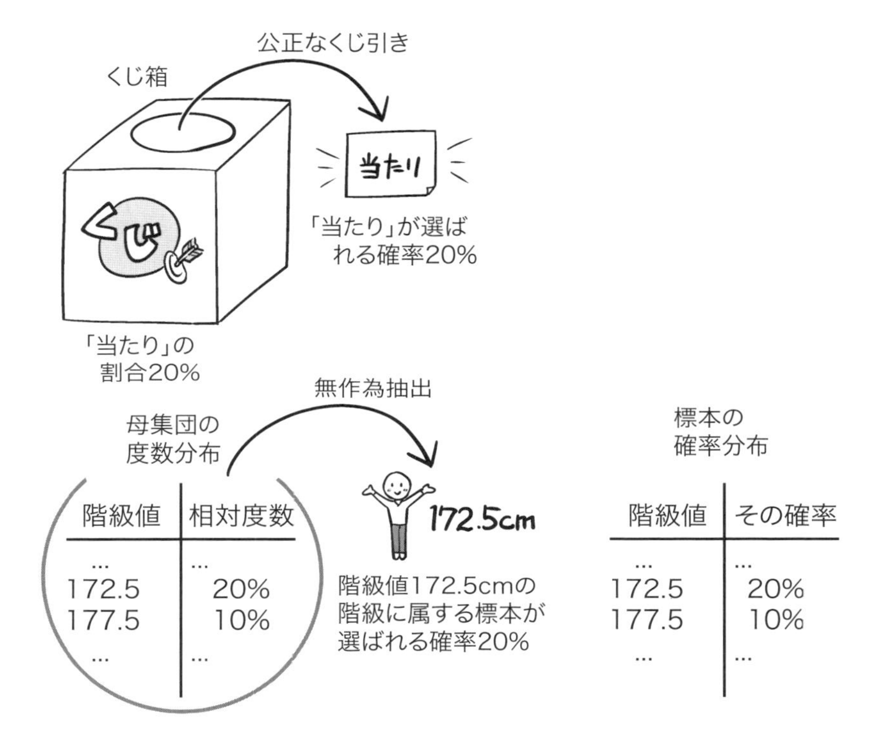

図 11.2 度数分布と標本の確率分布

の確率分布と同じ」という説明をしました。この考えにもとづいて，「標本だけを調べて，母集団分布を推測する」という統計的推測を実現するには，標本を調べることで，標本の確率分布を知ることができなければなりません。

しかし，標本としてひとつの数値だけを取り出しても，標本の確率分布を知る手がかりには，ほとんどなりません。それは，くじを 1 回だけ引いて「当たり」が出たとしても，そのくじの当たり確率はわからないのと同じことです。では，どうすればよいのでしょうか？

その答えは，標本としてひとつの数値だけを取り出すのではなく，いくつかの数値のセットになった標本を取り出すことです。これは直感的にもわかることで，くじを 1 回だけ引いても当たり確率はわかりませんが，くじを 10 回引いて 1 回も当たらなければ，当たり確率はかなり小さいと想像できますし，10 回引いて 8 回当たれば，きわめて当たりやすいくじだとわかります。この章の最初で「10 人を取り出す」と書きましたが，それはここでいう「数値のセット」を取り出すことを指していたわけです。

「いくつかの数値のセット」を取り出すとよい理由は，統計学では**大数の法則**といいます。大数の法則とは，

> たくさんの独立な確率変数があるとき，それらの平均と，それらの平均の期待値を考える。このとき，確率変数の平均は，「たいてい」その期待値と「ほぼ」同じであり，期待値からかけ離れた値になる確率は非常に小さい

ということです。

くじ引きの例で考えると，たくさんのくじがあって，それらを引くことはそれぞれが互いに独立だとします。あるとき，これらのくじを例えば 10 回引いて，10 回の賞金の平均を求めます。この「10 回のくじ引き」を「1 セット」としましょう。この「セット」を何度も何度も，十分に多くの回数くりかえしたとして，「1 セットでの賞金の平均」を十分に多くのセット数にわたってさらに平均したのが，「賞金の平均」の期待値です。

大数の法則が述べているのは，「賞金の平均」はくじを引くごとに毎回違うだろうけれども，1 セットで引くくじの数が多ければ，「賞金の平均」は極端に大きな値や小さな値になることはほとんどなく，「たいてい」いつも同じような値であり，それは「賞金の平均」の期待値に「ほぼ」等しい，ということです。

これを，統計的推測の例で考えてみます。母集団の平均を，標本を取り出して推測するとしましょう。標本サイズが小さいと，図 11.3 のヒストグラムの上の例のように，たまたま極端に大きな数値ばかり，あるいは極端に小さな数値ばかりが標本に選ばれる可能性があります。このように標本が「偏った数値」のとき，標本として取り出された数値の平均（**標本平均**）を求めても，それは母集団の平均（**母平均**）とはかけ離れたものになっていますから，この推測は失敗です。ところが，標本サイズが大きくなると，図 11.3 の下のように，偏った数値が得られる確率は小さくなるので，上のような失敗をする確率は小さくなります。

大数の法則は，このことを「独立な確率変数の個数が多くなるにつれ，それらの平均とその期待値との隔たりがわずかでもある確率は，0 に近づく」という形で表して，その証明を与えています[注2]。証明そのものについては，少々難しいの

注2　この形で表される大数の法則は，正確には「大数の弱法則」といいます。

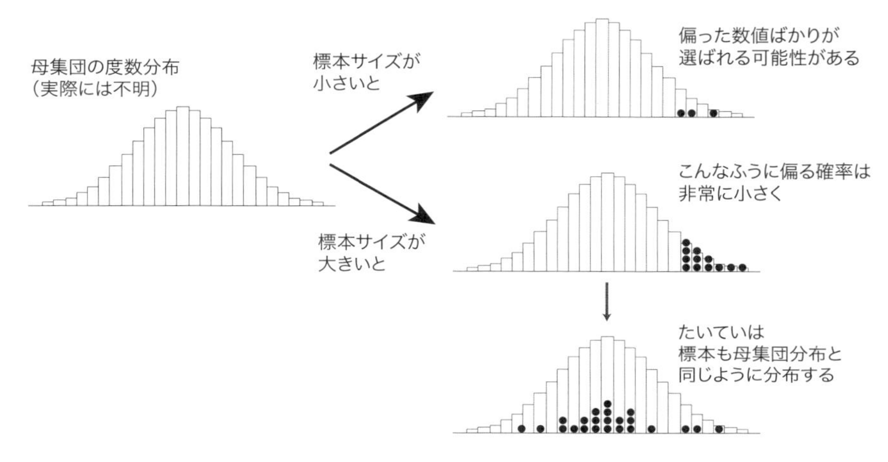

図 11.3 標本サイズと標本の分布

で，ここでは触れません。

ただ，ここでとくに注意してもらいたいのは，大数の法則における「たいてい」と「ほぼ」の意味です。「たいてい」とは，取り出された標本から計算された標本平均は母平均に「たいてい」近い，母平均からかけ離れた数値になることはほとんどない，ということを言っています。けっして，「必ず」母平均に近い，母平均からかけ離れた数値になることは「絶対に」ない，とは言っていません。

また，「ほぼ」とは，取り出された標本から計算された標本平均は母平均と「ほぼ」同じである，ということを言っています。けっして，母平均と「まったく」同じである，とは言っていません。

この「たいてい」と「ほぼ」は，「統計的推測が失敗をする可能性」と，「統計的推測の結果に含まれる誤差」に対応しています。第 12 章で，具体的な統計的推測の方法を説明するときに，このことに触れます。

11.4 大数の法則と損害保険

大数の法則は，「保険」という仕組みが成り立つ根拠になっています。そこで，ここでは損害保険の仕組みを考えてみましょう。損害保険会社は，加入者から少しずつ保険料を集めておき，契約期間中に事故にあった加入者には，保険料に比べてはるかに多額の保険金を支払います。一方，契約期間中事故にあわず無事に過ごした人は，保険料を捨てることになります。

加入者が事故にあうかどうかは偶然に左右されますから，保険会社がある期間内（例えば 1 年間）に支払わなければならない保険金の額も偶然に左右されます。にもかかわらず，保険会社は，ある決まった額の保険料を受け取って経営を続けています。どうしてそういうことができるのでしょうか？

仮に，ある保険会社の保険加入者がひとりしかいないとしましょう。ひとりの保険加入者が事故にあうかどうかは偶然に左右されますから，そのひとりに 1 年間に支払わなければならない保険金の額は確率変数です。ふつうは，事故にあう確率は小さいですから，保険金額の期待値はそれほど大きくありません。例えば，加入者に 1 年間に事故にあう確率が 1% であるとし，事故にあったときには 100 万円支払う契約だとします。図 11.4 の左は，このようすを表したものです。縦方向にいろいろな可能性が並んでいて，どの結果になるかはわかりません。ほとんどは何も起きませんが（図中の「・」)，確率 1% で事故にあいます（図中の「★」)。

このとき，1 年間に加入者 1 人あたりに保険会社が支払う保険金の期待値は，（100 万円 × 1%）で 1 万円です。しかし，だからといって，保険会社が期待値と同じ 1 万円しか保険料を受け取っていなかったら，事故のときに 100 万円の保険金を支払うことができません。ひとりの加入者については，保険金は 0 円か 100 万円かであって，1 万円という期待値は現実のものではないのです。

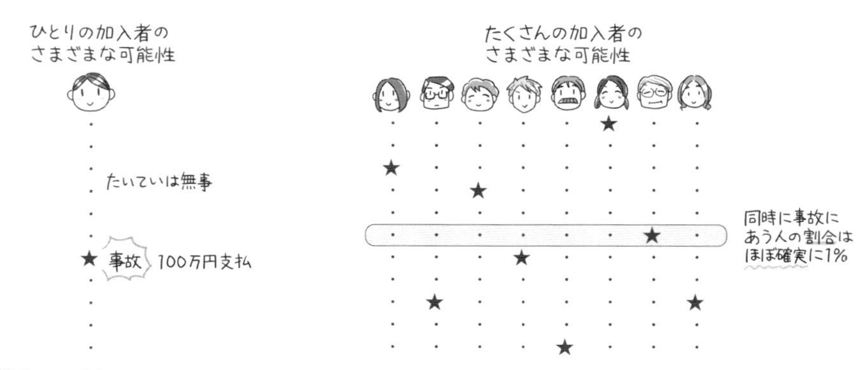

図 11.4 「1%」の 2 つの意味あい

ところが，保険加入者が10万人いて，それぞれが独立に1%の確率で事故にあうとしましょう。これは，図11.4の右の状態です。それぞれの人が事故にあう確率はみな1%ですが，10万人の加入者全員が同時に事故にあうなどという事態はまず起こりえず，たいてい10万人のうち1%の割合にあたる1000人程度が事故にあう，ということが経験的にわかります。このとき，事故にあった1000人に100万円ずつ保険金を支払うとすると，合計は10億円ですから，10万人の加入者一人当たりにすると1万円となります。つまり，「1年間の加入者1人あたりの保険金額」はいつもだいたいその期待値程度になり，期待値が現実のものになるのです。

このことは，加入者が多くなるほど，「1年間の加入者1人あたりの保険金額」が期待値（1万円）から大きくはずれる確率がゼロに近づく，ということで，すなわち「大数の法則」です。つまり，たくさんの加入者が独立に事故にあうのならば，保険金額の期待値（＋保険会社経営のための費用＋保険会社の利益）程度の保険料を各加入者から受け取っておけば，事故の時に保険金を支払うことができるというわけです。

このように，各加入者にとって「小さな確率（1%）で起きる大きな損害（100万円）のリスク」を，独立な加入者がたくさん保険に加入することによって，「期待値程度の保険料（100万円 × 1% ＝ 1万円）の確実な支払い」と交換できる，というのが保険の仕組みです。ですから，「自分は事故にあわないから保険料は払いたくない」と言っていては，保険は成り立ちません。自分の払った保険料が他人の保険金に使われるのを承知するかわりに，万一自分が大損害を受けたときには，他人の保険料を使って補償してもらえるわけです。

ただ，保険金の期待値の大きい人のグループと小さい人のグループに分けて，保険料に差をつける，ということは行われています。例えば，「年間の走行距離の少ない人は保険料が安い自動車損害保険」などの「リスク細分型保険」は，事故の危険が大きい，つまり保険金の期待値が高い人から高い保険料をとるかわりに，期待値の低い人からの保険料を安くする方法です。

ところで，事故にあうのが「独立でない」場合はどうなるでしょうか？一番わかりやすい例が，地震災害の場合です。地震のときは，その地域の保険加入者が同時に事故にあいます。したがって，上の「それぞれの加入者が独立に事故にあう」という前提が成り立たず，大数の法則が成り立ちません。この場合，その地域の加入者全員が同時に保険金を請求するわけですから，各加入者の保険金額の期待値程度の保険料を受け取っていては保険金が支払えず，保険会社は破産してしまいます。

ですから，通常の火災保険では，地震によって生じた火災には保険金は支払われません。地震の被害を補償する地震保険は別立てになっており，また，その保険金額は火災保険よりも低くなっています。

2001 年に米国で起きた同時多発テロ事件では，保険金の支払いのために破綻した保険会社がありました。100 階建てのビルが 2 つ，一度に全壊するなどということは，誰も想像しなかったことでした。保険は，「誰でもあう可能性のある危険」に対する助けになるのに対して，「予想外の事態」には案外弱いといえます。

現実の世界において，大数の法則にもとづいて成り立っている例は，保険のほかにもいろいろなものがあります。次の例題でみてみましょう。

例題　次の 2 つの例をみてください。

1. 普通預金では，預金者がいつでも自分の預金を現金で引き出すことができます。しかし，銀行には，すべての口座のすべての預金額よりもはるかに少ない現金しか置かれていません。
2. 電話を持っている人は，いつでも好きな時に電話をかけることができます。しかし，電話交換システムは，担当エリア内のすべての電話が同時に通話すると処理できません。

これらのことにもかかわらず，銀行や電話はこの状態で運用されています。それで問題がないのはなぜでしょうか。また，「銀行に置いてある現金の額」や「電話交換システムの処理能力」は，どのようにして決められているのでしょうか。

これらは，大数の法則にもとづいて現実のシステムが運用されている例です。

1. の銀行の場合でいえば，各預金者が 1 日に引き出す金額は，人によって，また日によって大きく違います。ですから，各預金者が 1 日に引き出す金額は確率変数と考えられます。

しかし，多数の預金者が独立に預金を引き出す場合，すべての人が同時に預金の全額を引き出す確率は非常に小さいです。大数の法則によれば，「1 日の引き出し額の合計」は，たいていその期待値程度である，と考えて間違いありません。ですから，銀行には，それに少し余裕をもたせた程度の額の現金を用意しておけば十分です。2. の電話交換システムの場合も同様で，担当エリア内で同時に通話する電話の数は，たいていその期待値程度なので，その程度の処理能力があればよいことになります。□

11.5 母集団と標本

この章の冒頭で，「日本男性全体の身長の平均（母平均）を，10 人だけ調べて，その平均（標本平均）で推測するとしましょう」という例をあげました。ここまでに述べたように，標本平均は，母平均からかけ離れた値になってしまう可能性があります。そのときに，標本平均をもって母平均の推測結果としてしまったら，間違った推測をしてしまったことになります。

では，標本を無作為抽出した場合は，標本平均は母平均からかけ離れてしまう可能性がどのくらいあるのでしょうか？これを，図 11.5 で考えます。この図で，母平均を μ で表し，さらに母集団分布の分散（母分散）も考えて，それを σ^2 で表しています。この母集団から，サイズ n の標本を取り出したとしましょう。これを $X_1, \ldots, X_n$ で表します。これらの標本平均を $\bar{X_n}$ とします。

図 11.5 で，破線の上に並んでいる $X_1, \ldots, X_n$ が，現実に抽出された標本を表しています。しかし，標本は無作為抽出されているのですから，いま現実に標本

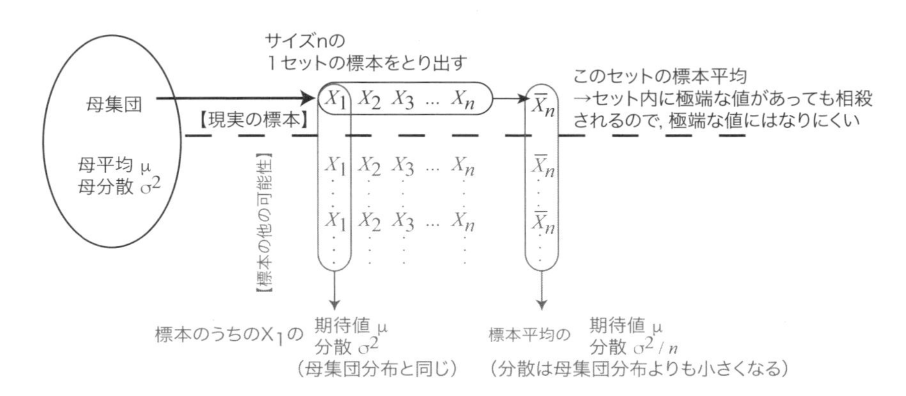

図 11.5　標本平均のしたがう確率分布

として取り出されている数値は「偶然」取り出されただけで，他の数値が取り出された可能性もあります。そういう「可能性」を，破線の下に描かれたいくつもの $X_1, \ldots, X_n$ の並びで表しています。

ここで，X_1 だけに注目して，X_1 について他のいろいろな可能性を考えてみましょう。標本は，母集団分布と同じ確率分布にしたがう，と先に述べました。ということは，標本のしたがう確率分布の期待値は，母集団分布の平均，すなわち母平均と同じで，μ です。また，標本のしたがう確率分布の分散も，母集団分布の分散，すなわち母分散と同じで，σ^2 です。繰り返しますが，標本 X_1 の期待値は，X_1 はさまざまな値になる可能性がある（確率変数である）が，その値は平均していくらか，ということを表しています。また，分散は，そのさまざまな値が，期待値からみてどのくらいばらついているかを表しています。

さて，標本平均 $\bar{X_n}$ は，標本 $X_1, \ldots, X_n$ がみな確率変数ですから，やはり確率変数で，いろいろな値になる可能性があります。標本平均のように，標本をまとめて一つの量に要約したものを**統計量**といい，統計量がしたがう確率分布を**標本分布**といいます。

標本平均もいろいろな値になる可能性がありますが，標本平均の計算においては，$X_1, \ldots, X_n$ の中に極端に大きなあるいは小さな値があっても，それらを平均するので，他の値と大小が相殺されます。ですから，標本平均は，標本それ自体に比べると，極端な値にはなりにくく，いつもあまり変わらない値になります。これは，「標本平均の分散は，σ^2 に比べて小さい」ことを意味しています。

どのくらい小さいのか，詳しいことは第 14 章で説明しますが，結論を先にいうと，

標本平均の期待値は μ，分散は $\dfrac{\sigma^2}{n}$

になります。

このことは，

標本サイズが大きければ，標本平均の分散は小さい
→標本平均がその期待値から大きくかけ離れた値になることは少ない
→いま 1 回だけ計算した標本平均が，その期待値から大きくかけ離れた値である可能性は小さい

→標本平均の期待値は母平均に等しいので，いま計算した標本平均が，母平均から大きくかけ離れた値である可能性は小さく，「たいてい」母平均に「ほぼ」近い値であると思ってよい

ということを意味しています。したがって，標本サイズが大きければ，標本平均を計算してそれを母平均の推測結果とするのは，そうおかしなことではない，ということがわかります。

ただし，先に述べた「たいてい」と「ほぼ」を含んでいることは重要です。標本平均を計算してそれを母平均の推測結果とすると，標本平均は母平均に「完全に」一致するのではなく，「ほぼ」母平均に近い値だと言っています。さらに，「確実に」母平均に近いのではなく「たいてい」母平均に近いのであって，母平均からかけ離れた値になることもないとはいえない，と言っています。

演習問題

1. 11.4 節の例題で，銀行や電話のシステムが，大数の法則にもとづいて成り立っていることを説明しました。では，大数の法則が成り立たず，このシステムが破綻するのはどういうときでしょうか。
2. 総合大学のような大口需要家の電力料金は，電力使用量の期待値ではなく，「同時に使うことができる最大の電力量」にもとづいて決められています。大数の法則にはもとづいていないわけですが，これはなぜでしょうか。

演習問題の解説

1. 大数の法則が成り立たないのは，預金者や電話加入者の行動が「独立でない」場合です。銀行が破綻しそうだという情報が広がって，預金者がいっせいに預金を引き出そうとすると，銀行にはそれだけの現金はないので対応できません。また，災害の時や，あるいは人気イベントのチケット予約が行われる時のように，多数の電話がいっせいに発信すると，電話は非常につながりにくくなります。
2. 電力の使い方は，大学内ではどこでもほぼ同じで，朝出勤して照明やパソコ

ンのスイッチを入れて，夜帰るときに切ります。また，暑いときにはいっせいにエアコンが入ります。つまり，大学内の各利用者が独立に電力を使うわけではありません。さらに，電力は簡単に貯めておくことができないので，発電所・変電所・送電線などの設備は，すべて「同時に使われる最大の電力量」に合わせて維持しておく必要があります。大口需要家に対してはそのための設備を維持する必要があるので[注3]，料金は「同時に使うことができる最大の電力量」にもとづいて決められています。

注3　筆者が以前勤めていた広島大学は，とても大きな大学で，大学内に専用の変電所がありました。

第12章

区間推定と検定

12.1 区間推定

12.1.1 区間推定とは

第 11 章では，統計的推測に必ずついてくる不確実さである，「たいてい」と「ほぼ」について説明しました。統計的推測の方法のひとつである**区間推定**とは，この「たいてい」を数字で表すために，推測が当たっている確率を述べ，さらに「ほぼ」を数字で表すために，推測結果に幅をもたせて表現する方法です。

区間推定では，たとえば母平均を推測する場合，推測結果を

「母平均は，50 から 60 の間にあると推測する。この推測が当たっている確率は 95% である」

のように，母平均が入る区間を示し，さらにその推測が当たっている確率を示して表します。このとき，「当たっている確率」（ここでは 95%）を**信頼係数**といいます。また，「当たっている確率が 95% である」ような母平均の値の範囲（ここでは 50〜60）を，信頼係数 95% の**信頼区間**，あるいは短く **95% 信頼区間**といいます。

区間推定のひとつの例を，「台風情報」に見ることができます。テレビの画面に出ている予想進路図にある「予報円」は，区間推定によって描かれています。台風情報の「○○時に円内の範囲に達すると思われます」という予報は，「○○

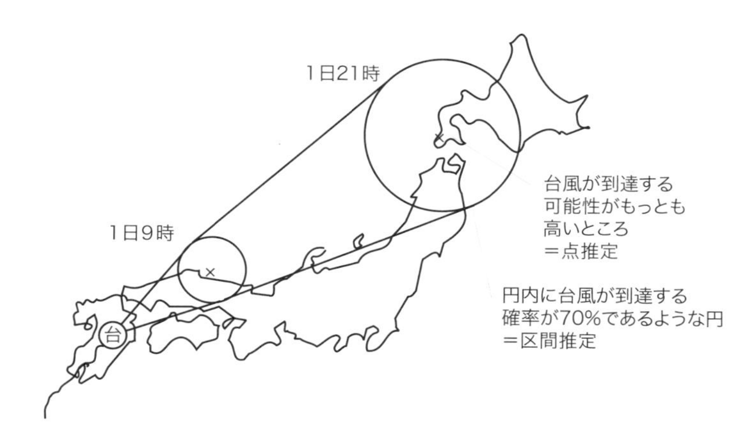

図 12.1　台風情報に見る区間推定と点推定

時に円内の範囲に達する確率が70%である」ことを示しています。なお，予報円の中心は，台風が到達する可能性がもっとも高い地点を推定したものです。このような推定法は，「点推定」とよばれます。

さて，区間推定がどのようにして実現されるかを，図12.2とともに見ていきましょう。図12.2 (a) は，標本としてひとつの数値を取り出した時の値を示しています。「標本抽出◯回目」の横棒の上に★印がありますが，この横棒は，物差しのように棒の上の位置で数を表す「数直線」だと思ってください。標本は無作為抽出されていますから，標本として取り出される数値は，標本抽出1回目，2回目，... で毎回異なった値になります。

一方，母平均は，標本としてどんな値が取り出されるかには関係のない値ですから，標本抽出1回目，2回目，... に関係なく，いつも同じ値です。この値を，標本抽出1回目，2回目，... の数直線を貫く縦の線で表しています。

図12.2 (b) は，標本としていくつかの数値のセットを取り出した場合に，仮に何度も標本のセットを取り出して標本平均を計算したとするときの，標本平均のばらつきを表したものです。第11章で説明したように，標本平均の期待値は母平均と同じですから，この図のように，標本平均は母平均のまわりにばらついていることになります。標本サイズが大きくなると，(a) の場合に比べてばらつきは小さくなりますが，標本平均が母平均そのものでないことは変わりません。

ここで，図12.2 (c) のように，標本平均のまわりに「幅」を持たせることを考

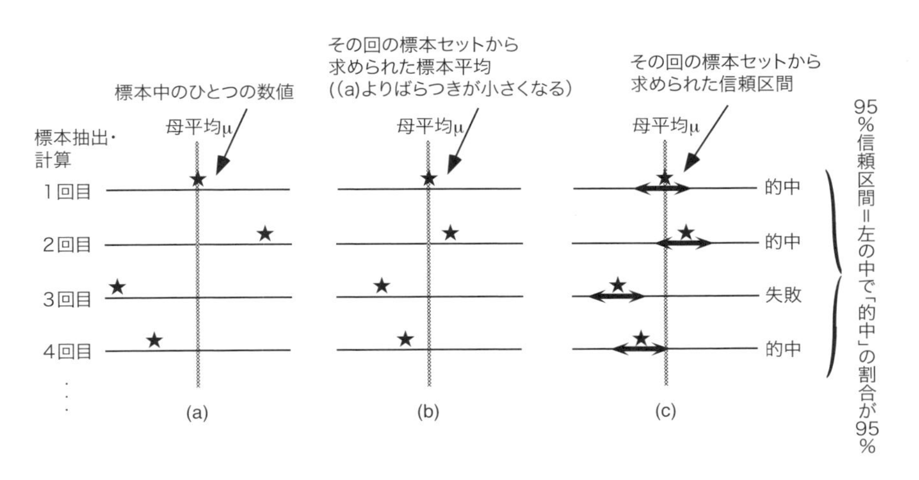

図12.2　区間推定の考え方

えます。ある程度「幅」があれば，何度も標本抽出したとき，母平均は「たいてい」この幅に入っているようにすることができます。しかも，標本平均を用いた (b) の場合，ひとつの数値を用いた (a) の場合に比べてばらつきが小さくなっているので，この「幅」は狭くできます。

この「幅」が，先に述べた信頼区間です。信頼係数を 95% にするということは，標本抽出 1 回目，2 回目，... で，それぞれ標本平均のまわりに信頼区間を設定したとき，そのうち 95% の割合で信頼区間の中に母平均が入っていて，5% の割合で入っていないように，信頼区間の幅を設定することです。このときの推測結果は，「標本平均プラスマイナスいくらの信頼区間に，母平均が入っているだろう」という形になり，この「プラスマイナスいくら」という幅が，先に述べた「ほぼ」に相当します。

注意すべきなのは，図 12.2 では母平均を縦の線で表していますが，実際には母平均がいくらなのかはわかっていない，ということです。図では標本抽出 3 回目で，信頼区間に母平均が入っていなくて「失敗」としています。しかし実際には，標本抽出 1 回目，2 回目，... のどの信頼区間が母平均を含んでいる「的中」で，どの信頼区間が母平均を含んでいない「失敗」かは，わかりません。ですから，いま 1 回だけ標本抽出をして，それをもとに標本平均と信頼区間を計算したとしても，その信頼区間が「的中」か「失敗」かはわかりません。ただ，同じやり方を何度も信頼区間を求めれば，確率 95% で「的中」する，と言っているだけです。

このことは，「確率 95% で当たる予言者」を考えるとよくわかります。「確率 95% で当たる予言者」が，「明日地震が起きる」と予言したとしましょう。明日本当に地震が起きるかどうかは，わかりません。わかるのは，この予言者が何度も予言をしたら，そのうち 95% は当たる，ということだけです。この予言者の予言を信じるということは，「何度も予言をしたらそのうち 95% は当たるほど，この予言者は信頼できるので，明日の予言も信じてみよう。明日外れたとしても，それはしかたがない」と思う，ということです。この「ひとつひとつの予言を信じるかどうかではなく，この予言者の能力を信じる」というのが，この予言者への「信頼」であり，信頼係数という用語はその意味をよく表していると，著者は思います。

12.1.2　正規分布と区間推定

では，母集団分布が正規分布モデルで表されると仮定されるときに，母平均を区間推定する，具体的な方法を説明します。次の例題を考えてみましょう。

> **例題**　ある試験の点数の分布は正規分布であるとします。この試験の受験者から，10 人からなる標本を無作為抽出して，この人たちの点数を平均したところ 50 点でした。この試験の受験者全体の点数の分散が 25 であるとわかっているとき，受験者全体の平均点の 95% 信頼区間を求めてください。

この例題で，受験者全体の平均点が母平均に相当し，受験者全体の点数の分散が母分散に相当します。母平均がわからないから推測するのに，母分散がわかっているというのはヘンな話ですが，これは説明のために用意した例です。正規分布が仮定でき，しかも母分散が不明な場合については，この後の 12.2 節で，「不偏分散と t 分布」を扱うときに説明します。

いまから推定する母平均を μ とし，母分散を σ^2 とします。そうすると，母集団分布は平均 μ，分散 σ^2 の正規分布，すなわち $N(\mu, \sigma^2)$ となります。このとき，標本は無作為抽出されていますから，標本は確率変数で，母集団分布と同じ確率分布にしたがいます。すなわち，n 人からなる標本のそれぞれの確率分布もまた $N(\mu, \sigma^2)$ です。

このとき，標本平均 $\bar{X}$ は，n 人からなる標本を $X_1, \ldots, X_n$ で表すと，$\dfrac{X_1 + \cdots + X_n}{n}$ で表されます。

ここで，正規分布のもうひとつの重要な性質を用います。この本では，「正規分布の性質 2」とよぶことにします。これは，

> $X_1, \ldots, X_n$ が独立で，いずれも正規分布 $N(\mu, \sigma^2)$ にしたがうならば，それらの平均 $\dfrac{X_1 + \cdots + X_n}{n}$ は正規分布 $N\left(\mu, \dfrac{\sigma^2}{n}\right)$ にしたがう

というものです[注1]。

無作為抽出で得られる標本は互いに独立で，母集団分布と同じ確率分布にした

注1　正規分布のこの性質は，一般には「確率分布の再生性」とよばれています。これを証明するには，より高度な知識が必要になるので，本書では証明には触れません。なお，ここでは「独立な確率変数の平均」について述べていますが，より基本的には，「独立な 2 つの確率変数がそれぞれ正規分布にしたがうとき，その和も正規分布にしたがう」というのが，正規分布の再生性の意味です。

がうので，この「正規分布の性質 2」を標本の場合にあてはめると，

> 正規分布 $N(\mu, \sigma^2)$ にしたがう母集団から標本 $X_1, \ldots, X_n$ が無作為抽出されたとき，標本平均 $\bar{X}$ は正規分布 $N\left(\mu, \frac{\sigma^2}{n}\right)$ にしたがう

という表現になります。

標本平均の期待値が母平均と同じで，標本平均の分散が「母分散の（標本サイズ分の 1)」であることは，すでに第 11 章で述べた通りです。この「性質 2」が述べている「再生性」とは，「母集団分布が正規分布であれば，標本平均の分布もやはり正規分布である」ことです。

さらに，上の通り，標本平均 $\bar{X}$ は正規分布 $N\left(\mu, \frac{\sigma^2}{n}\right)$ にしたがうので，確率変数 Z を

$$Z = \frac{\bar{X} - \mu}{\sqrt{\frac{\sigma^2}{n}}} \tag{12.1}$$

とすると，第 10 章で述べた「正規分布の性質 1」から，Z は標準正規分布 $N(0, 1)$ にしたがうことがわかります。

さて，ここまでの考えを用いて，「Z が入っている確率が 95% である区間」はどういうものか考えてみましょう。「連続型確率分布」のところで説明したように，Z がある区間に入る確率は，標準正規分布の確率密度関数のグラフの下の，その区間に対応する部分の面積になります。

この部分の面積が全体の 95% になるように，Z の区間を左右対称にとることにし，図 12.3 (a) のように表します。このときの Z の区間の両端を，左が $-u$，右が u とすると，Z がこの区間に入る確率が 95% であるということは，すなわち $P(-u \leqq Z \leqq u) = 0.95$ と表されます。

このとき，Z が $-u$ と u の間に「ない」確率は，95% の残りの 5% ということになります。この 5% を左右に 2.5% ずつ振り分けると，図 12.3 (b) のように，$P(Z \geqq u) = 0.025$ であることがわかります。

$P(Z \geqq u) = 0.025$ となる u は，巻末にある正規分布表から求めることができます。数表によると，$u = 1.96$ のとき，$P(Z \geqq 1.96) = 0.024998$ で，ほぼ 0.025 です。すなわち，$P(-1.96 \leqq Z \leqq 1.96) = 0.95$ ということがわかります。

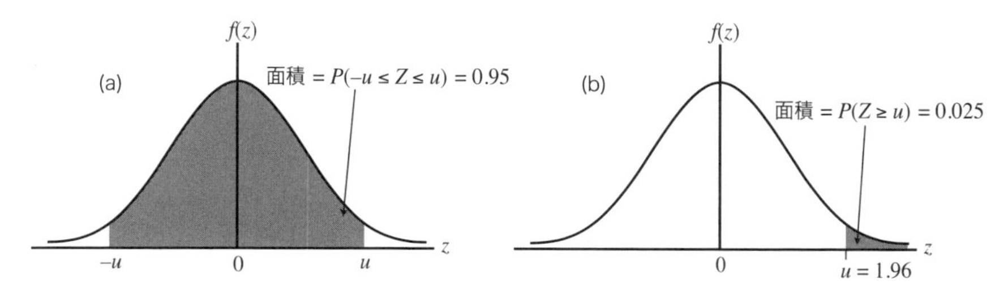

図 12.3　95% 信頼区間の求め方

さて，式 (12.1) の関係を $P(-1.96 \leqq Z \leqq 1.96) = 0.95$ に用いると，

$$P\left(-1.96 \leqq \frac{\bar{X} - \mu}{\sqrt{\frac{\sigma^2}{n}}} \leqq 1.96\right) = 0.95 \tag{12.2}$$

という関係があることがわかります。ここで，いま知りたいのは母集団の平均 μ の範囲ですから，式 (12.2) を μ の範囲に書き換えます。これは，第 3 章で述べた「不等式を解く」という操作で，第 3 章の演習問題で類似の例をあげました。この操作によって，

$$P\left(\bar{X} - 1.96\sqrt{\frac{\sigma^2}{n}} \leqq \mu \leqq \bar{X} + 1.96\sqrt{\frac{\sigma^2}{n}}\right) = 0.95 \tag{12.3}$$

という関係が得られます。この式で，不等式で表される区間が，μ の 95% 信頼区間となります。この例題では，標本平均 $\bar{X} = 50$，母集団の分散 $\sigma^2 = 25$ ですから，これらの数値を式 (12.3) に入れると，求める 95% 信頼区間は「46.9 以上 53.1 以下」となります。「46.9 以上 53.1 以下」という区間を，数学では $[46.9, 53.1]$ と書きます。区間の端を表す“[”と“]”は，「区間の端の値を，区間に含む」という意味を表します[注2]。□

12.1.3　信頼係数と信頼区間についての注意

統計学では信頼係数を 95% とすることが多いですが，これは「推測が確率 5% で外れることは，がまんする」という考えを表しています。より慎重にこと

注2　区間に端を含まない場合は，“(”と“)”を用います。

を進めなければならない場合は，信頼係数を99%にすることもあります。この場合，推測は確率1%でしか外れませんが，そのかわり信頼区間の幅は広くなります。具体的には，正規分布表から $P(Z \geqq 2.58) = 0.0049400$ で，ほぼ0.005です。よって，$P(-2.58 \leqq Z \leqq 2.58) = 0.99$ であり，ここから99%信頼区間を求めます。信頼係数95%のときは $P(-1.96 \leqq Z \leqq 1.96) = 0.95$ だったので，1.96が2.58になったぶんだけ信頼区間が広がることがわかります。

ところで，母平均 μ の信頼区間を「46.9以上53.1以下」あるいは $[46.9, 53.1]$ とは書きますが，$P(46.9 \leqq \mu \leqq 53.1) = 0.95$ とは書きません。これは微妙なことですが，注意が必要です。

$P(\ )$ は，「( )の中のことが起きる確率」という意味ですから，( )の中にはランダムに決まる変数，すなわち確率変数が入っていなければなりません。母平均 μ は，標本を調べている人が知らないだけで，実際には調べる前から1つの値に決まっていますから，確率変数ではありません。一方，標本平均 $\bar{X}$ は，無作為抽出される標本の値から計算されるので，確率変数です。$P\left(\bar{X} - 1.96\sqrt{\frac{\sigma^2}{n}} \leqq \mu \leqq \bar{X} + 1.96\sqrt{\frac{\sigma^2}{n}}\right) = 0.95$ という式では，確率変数なのは μ ではなく $\bar{X}$ であり，不等式の上限と下限がランダムに決まることを示しています。これは，図12.2で，ランダムに決まっているのは母平均ではなく，数直線上の「幅」であることに対応しています。

ところが，具体的な数値を代入して計算し，$P(46.9 \leqq \mu \leqq 53.1) = 0.95$ という式にしてしまうと，この式には確率変数がありません。したがって，この式は間違いです[注3]。

12.2 不偏分散，t分布と区間推定

12.2.1 不偏分散

12.1.2節の例題のように「母平均が未知なのに母分散が既知」というのは，現実にはありえないことで，実際には母平均が未知なら母分散も未知のはずです。

注3　正確には，本文で述べている「この式は間違いである」という考え方（ネイマン＝ピアソンの解釈）と，「この式は“$46.9 \leqq \mu \leqq 53.1$”という命題の信頼性が95%であることを表す」という考え方（フィッシャーの解釈）があり，大きな論争を引き起こしました。本文のように前者の立場に立つ統計学は，現在の統計学の基本となっています。

つまり「不確かな測定は，その不確かさも不確か」というわけです。

そこで，未知の母分散のかわりに，標本から推定した分散を使って，母平均を推測することを考えます。分散は「(データに含まれる各数値の，期待値（平均）からのへだたり）の 2 乗の，そのまた期待値（平均)」ですから，これに対応して「標本に含まれる各数値の，標本平均からのへだたり）の 2 乗の，そのまた平均」を考えます。これを**不偏分散**（不偏標本分散）といい，標本サイズを n，標本を $X_1, X_2, \ldots, X_n$，標本平均を $\bar{X}$ とするとき，不偏分散 s^2 は

$$s^2 = \frac{1}{n-1}\{(X_1 - \bar{X})^2 + (X_2 - \bar{X})^2 + \cdots + (X_n - \bar{X})^2\} \qquad (12.4)$$

となります。平均の計算ではありますが，標本サイズ n そのものではなく，$n-1$ で割ることに注意してください。

不偏分散は，その期待値が母分散に等しくなるように調整された分散です[注4]。「不偏」とは，ひとことでいえば「ひいきをしない」という意味です。同じ母集団から何度もくりかえし標本を取り出して，そのつど不偏分散の値を計算したとすると，取り出される標本は毎回異なるので，不偏分散の値も毎回違います。毎回違いますが，その期待値が母分散と同じになるように調整してあります。つまり，不偏分散は，母分散より大きくも小さくも「平等に」外れており，母分散よりたいていいつも大きいとか，たいていいつも小さいということはない，ということです。

では，なぜその調整をするために，n ではなく $n-1$ で割るのでしょうか？それを直観的に理解するために，図 12.4 をみてみましょう。図 12.4 では標本サイズを 2 とします。母分散は，「データの各数値と母平均とのへだたりの 2 乗」の平均です。これに対して，標本サイズ n（この場合は 2）で割った標本分散は，「標本の各数値と標本平均とのへだたりの 2 乗」の平均になっています。

標本の 2 つの数値が，どちらも母平均から小さい方向，あるいはどちらも母平均から大きい方向に偏ってへだたっていても，標本平均はつねに 2 つの数値の中間にあります。ですから，「標本と標本平均とのへだたり」は「標本と母平均とのへだたり」よりは小さくなります。この違いを調整するために，n ではなく $n-1$ で割って，少し大きめの値になるようにしているのです。

少し大きめにする調整の度合いが，$n-1$ であって，$n-2$ などではないことを

注4　このことを，「不偏分散は母分散の不偏推定量である」といいます。

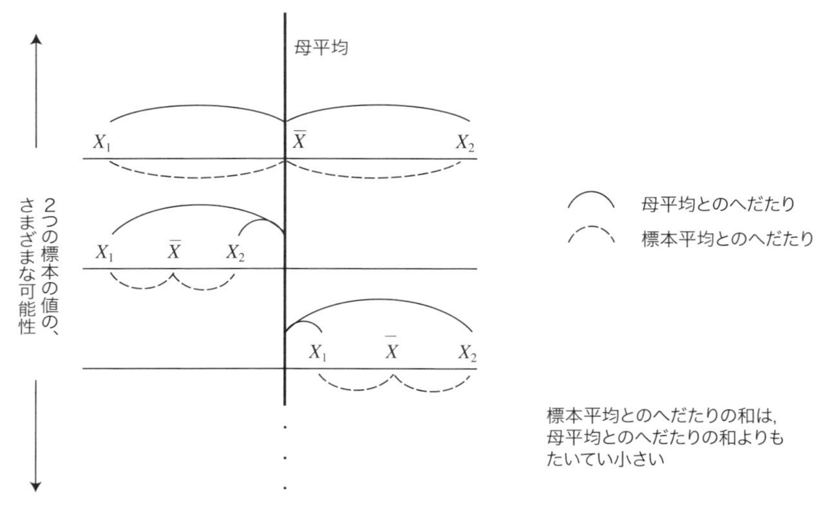

図 12.4　なぜ $n-1$ で割るのか？

証明するには，さらにかなり知識が必要なため，この本では扱いません。ただ，上の例で直感的な観察をしてみます。

上のように，標本が X_1 と X_2 だけのとき，「標本と標本平均とのへだたりの 2 乗」の合計は $(X_1-\bar{X})^2+(X_2-\bar{X})^2$ で表されます。いまは $\bar{X}=\dfrac{X_1+X_2}{2}$ ですから，これを代入すると

$$
\begin{aligned}
(X_1-\bar{X})^2+(X_2-\bar{X})^2 &= \left(X_1-\frac{X_1+X_2}{2}\right)^2+\left(X_2-\frac{X_1+X_2}{2}\right)^2 \\
&= \left(\frac{X_1-X_2}{2}\right)^2+\left(\frac{X_2-X_1}{2}\right)^2 \\
&= \frac{1}{2}(X_1-X_2)^2
\end{aligned}
\tag{12.5}
$$

となります。つまり，標本が X_1 と X_2 だけのとき，「標本と標本平均とのへだたりの 2 乗」の合計は，実際は 2 つの項の和ではなく，1 つの項しか入っていません。ですから，「合計」から「平均」を求めるために 2 で割ってしまっては，必要以上に大きな数で割っていることになります。不偏分散の計算で，分母を n から $n-1$ にひとつ減らしたのは，このことが原因です。

12.2.2 t 分布と区間推定

12.1.2 節の「正規分布と区間推定」の例で，母集団分布が母平均 μ，母分散 σ^2 の正規分布で，そこからサイズ n の標本を取り出したときの標本平均が $\bar{X}$ であるとき，

$$Z = \frac{\bar{X} - \mu}{\sqrt{\frac{\sigma^2}{n}}} \tag{12.6}$$

とおくと，Z は標準正規分布 $N(0,1)$ にしたがうことを説明しました。そこでの例題では，Z のこの性質を用いて，母平均 μ の区間推定を行いました。

では，12.2.1 節の最初に述べたように，母分散 σ^2 が不明である場合を考えましょう。このとき，式 (12.6) には μ と σ^2 の 2 つの未知の量があるので，前節のように不等式を解いて μ の区間推定をすることができません。そこで，母分散 σ^2 を，標本から計算される不偏分散 s^2 でおきかえた

$$t = \frac{\bar{X} - \mu}{\sqrt{\frac{s^2}{n}}} \tag{12.7}$$

というものを考えます。この t を，**t 統計量**といいます。Z は標準正規分布にしたがいますが，t はどのような分布にしたがうでしょうか？

この t 統計量がしたがう確率分布は，標準正規分布ではなく，**自由度 $n-1$ の t 分布**（スチューデントの t 分布）という確率分布で，これを $t(n-1)$ と書きます。t 分布の確率密度関数は標準正規分布とよく似ており，$t=0$ を中心とした左右対称の形になっています。

t 分布を用いると，母分散が不明の場合でも，標準正規分布の場合と同様に，母平均の信頼区間を求めることができます。この手法は，統計学を応用する現場でも，よく現れる問題です。ここでは，次の例題を考えてみましょう。

例題　ある試験の点数の分布は正規分布であるとします。この試験の受験者から，10 人からなる標本を無作為抽出して，この 10 人の点数を平均したところ 50 点で，またこの 10 人の点数の不偏分散が 25 でした。このとき，受験者全体の平均点の 95% 信頼区間を求めてください。

「t 統計量がその値以上になる確率が 0.025 であるような値」のことを，「上側 2.5 パーセント点」といいます。自由度 $n-1$ の t 分布の上側 2.5 パーセント点を $t_{0.025}(n-1)$ とすると，t 分布の確率密度関数は左右対称なので，$-t_{0.025}(n-1)$ は「t 統計量がその値以下になる確率が 0.025 であるような値」すなわち「下側 2.5 パーセント点」となります。

$$P\left(-t_{0.025}(n-1) \leqq \frac{\bar{X}-\mu}{\sqrt{\frac{s^2}{n}}} \leqq t_{0.025}(n-1)\right) = 0.95 \tag{12.8}$$

が成り立ちます（図 12.5）。この式から，

$$P\left(\bar{X} - t_{0.025}(n-1)\sqrt{\frac{s^2}{n}} \leqq \mu \leqq \bar{X} + t_{0.025}(n-1)\sqrt{\frac{s^2}{n}}\right) = 0.95 \tag{12.9}$$

となりますから，μ の 95% 信頼区間の下限と上限は，式 (12.9) のかっこ内の不等式の下限と上限で表されます。

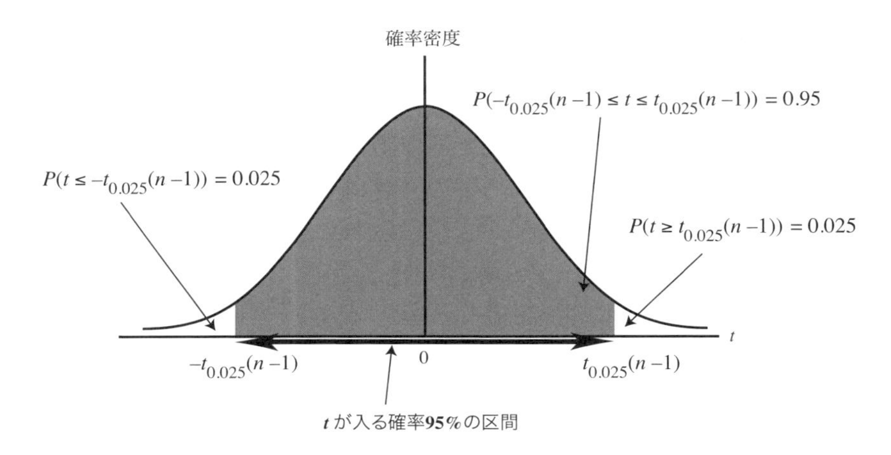

図 12.5　t 分布と区間推定

さまざまな自由度について，2.5 パーセント点をはじめ，さまざまなパーセント点を求めるには，巻末にある「t 分布表」という数表を利用することができます[注5]。t 分布表では，縦に並んでいる各自由度 ν と横に並んでいる定数 α（横

注5　この数表も，正規分布表と同じく，Excel などのソフトウェアに内蔵されていて，計算に使えます。

軸）に対して，パーセント点 $t_\alpha(\nu)$ が縦 ν・横 α の交点の値を読むことで求められます。この問題の場合，標本平均 $\bar{X}=50$，不偏分散 $s^2=25$ で，数表から $t_{0.025}(10-1)=2.262$ ですから，μ の 95% 信頼区間は「46.4（点）以上 53.6（点）以下」となります。□

ところで，12.1.2 節の「正規分布と区間推定」の例題とこの例題とでは，「母分散が 25 とわかっている」か「不偏分散が 25 である」かだけが違っていて，他の数値は同じです。12.1.2 節の「母分散が 25 とわかっている」例題では，μ の 95% 信頼区間は「46.9（点）以上 53.1（点）以下」でしたから，今回の「不偏分散が 25 である」例題の方が，信頼区間が広くなっています。信頼区間が広いということは，「『ほぼ』母平均に近い」といっている範囲が広く，推定が不確かであることを意味しています。これは，不偏分散は母分散そのものではなく，母分散を推定した値であるため，不偏分散にはすでに不確かさが入っているためです。

「スチューデント」という名前について

ここで説明した「t 分布」は，別名「スチューデントの t 分布」とよばれています。「スチューデント」というのは，t 分布を発見した英国の統計学者ウィリアム・ゴセットのペンネームです。ゴセットは，ビール製造会社「ギネス社」の技術者で，会社との関係で本名では論文が出せなかったため，ペンネームで発表したのだそうです。

酒造りなどの醸造業は，昔から統計学が活躍している分野です。それは，酒な

どができる醗酵という現象は，技術者が自分の手で直接行っているものではなく，無数の微生物の作用や分子の化学反応によって生じるものだからです。技術者は，微生物や分子の作用を，温度や時間などの全体的な量を変化させて調節しているだけです。どう調節すれば，無数の微生物や分子の作用が「全体として」望ましい方向に進むかを知るには，統計学の手法が必要です。

12.3 検定は「条件付きの断罪」

12.3.1　仮説検定とは何か

仮説検定とは，抽出した標本をもとに，母集団についての「判断」の形で推測を行うものです。仮説検定のことを短く**検定**ともいいます。まず，検定の考え方を理解するために，次の例題をみてみましょう。

例題　店員が「確率 50% で当たる」と宣伝しているくじがあるとします。ところが，あなたがこのくじを 10 回引いてみたところ，1 回も当たりませんでした。
店員は「運が悪かったねー」と言っていますが，あなたはどうも納得がいきません。「『確率 50% で当たる』という宣伝はウソじゃないの？」と思います。さて，店員かあなたか，どちらが正しいでしょうか？

店員の言っていることが正しいかどうかは，くじ箱を開けて中のくじを全部調べれば，確実にわかります。もちろん，そんなことはふつうはできません。しかし，そのようにして調べない限り，店員がウソをついているのか，それともあなたの運がものすごく悪いのか，結論は出せません。そこで，次のように考えてみます。

店員の宣伝では，1 回のくじ引きで，当たりもはずれも確率は $\frac{1}{2}$ だと言っています。そこで，1 回目のくじ引きと 2 回目のくじ引きが独立とみなせるのであれば，2 回続けてはずれる確率は，それぞれではずれる確率の積で，$\frac{1}{2} \times \frac{1}{2}$ となります。

同じように考えると，「くじを 10 回引いて 1 回も当たらない」確率は，$\left(\frac{1}{2}\right)^{10}$

すなわち $\frac{1}{1024}$ ということになります。つまり，店員の「確率 50% で当たる」という宣伝を信じるのであれば，「くじを 10 回引いて 1 回も当たらない」という結果になる確率は $\frac{1}{1024}$ ということになります。

確率とは，「すべての可能性のうち，どの結果になりやすいか」の度合いを表すものです。ということは，「店員の宣伝を正しいと信じる」ことは，「10 回のくじびきの結果のすべての可能性のうち，$\frac{1}{1024}$ という小さな確率でしか起きないことが，たまたま今，目の前で起きている」という考えを受け入れることになります。そんな無理のある考えを受け入れるよりも，「『確率 50% で当たる』という宣伝のほうが間違っている」と考えるほうが自然ではないでしょうか？

こういう論理で，「『確率 50% で当たる』という宣伝は間違っている」という判断を下すのが，検定の考え方です。検定の論理は基本的にはこれだけで，問題によって異なるのは，「小さな確率でしか起きないことが，今たまたま目の前で起きているなどという考えは，受け入れられない」という考えを導くための，確率の計算のしかたです。

この後では，12.1.2 節，12.2.2 節で説明した区間推定の考え方を用いて，検定を行う例を説明します。

12.3.2　t 分布と検定

t 分布を用いた区間推定の例題を，もう一度見てみます。

例題　ある試験の点数の分布は正規分布であるとします。この試験の受験者から，10 人からなる標本を無作為抽出して，この 10 人の点数を平均したところ 50 点で，またこの 10 人の点数の不偏分散が 25 でした。このとき，受験者全体の平均点の 95% 信頼区間を求めてください。

この例題の考え方は，次のようなものでした。標本平均を $\bar{X}$，不偏分散を s^2，標本サイズを n とし，受験者全体の平均点を μ とすると，t 統計量

$$t = \frac{\bar{X} - \mu}{\sqrt{\frac{s^2}{n}}} \tag{12.10}$$

は，自由度 $n-1$ の t 分布にしたがいます。そこで，$t_{0.025}(n-1)$ を「自由度 $n-1$ の上側 2.5 パーセント点とすると，

$$P\left(-t_{0.025}(n-1) \leqq \frac{\bar{X} - \mu}{\sqrt{\frac{s^2}{n}}} \leqq t_{0.025}(n-1)\right) = 0.95 \tag{12.11}$$

となります。区間推定を行う時には，ここから μ の信頼区間を求めます。

さて，上の式では，

> t 統計量が $-t_{0.025}(n-1)$ と $t_{0.025}(n-1)$ の間に入っているという記述は，確率 95% で的中している

ということを述べています。ということは，見方を変えると，

> 「t 統計量が $-t_{0.025}(n-1)$ 以下かもしくは $t_{0.025}(n-1)$ 以上である」という記述は，的中している確率が 5% でしかない

ということになります。

では，ここで，次の例題を考えてみましょう。

例題 ある試験の点数の分布は正規分布であるとします。この試験の受験者から，10 人からなる標本を無作為抽出して，この 10 人の点数を平均したところ 50 点で，またこの 10 人の点数の不偏分散が 25 でした。
このとき，問題作成者が「この問題は，受験者全体の平均点が 54 点になるように作成した」と言っています。作成者の意図は，達成されているといえるでしょうか？それとも，失敗しているでしょうか？

ここで，仮に

「受験者全体の平均点は 54 点である」，すなわち $\mu = 54$

という仮説が正しいとしましょう。この問題では，標本平均 $\bar{X}$ が 50，不偏分散 s^2 が 25，標本サイズ n が 10 です。さらに，上の仮説が正しいとしているので $\mu = 54$ で，t 統計量を求めるためにこれらの数値を式 (12.10) に代入すると，$t = -2.53$ となります。

一方，t 分布表から，$t_{0.025}(10-1) = 2.2622$ であることがわかります。$t = -2.53$ は $-t_{0.025}(10-1) = -2.2622$ より小さいです。つまり，仮に $\mu = 54$ が正しいとすると，

t 統計量が $-t_{0.025}(n-1)$ 以下かもしくは $t_{0.025}(n-1)$ 以上である

という「的中している確率が 5% でしかないはずの記述」が，的中していることになります。

ここまでのことをまとめると，下のような推論ができます。

1. 「t 統計量が $-t_{0.025}(10-1)$ 以下かもしくは $t_{0.025}(10-1)$ 以上である」という記述は，的中している確率が 5% でしかない
2. 仮に「$\mu = 54$ である」という仮説が正しいとすると，そのとき t 統計量は $t = -2.53$ で，一方 $t_{0.025}(10-1) = 2.262$ であるから，

「t 統計量が $-t_{0.025}(10-1)$ 以下かもしくは $t_{0.025}(10-1)$ 以上である」

という記述は正しいことになる

3. つまり，的中している確率が 5% でしかないはずの記述が，いま偶然的中していると考えざるをえない
4. 「確率 5% でしか起きないはずのことが，いま偶然起きている」とわざわざ考えるのは不合理なので，「$\mu = 54$ である」という仮説は間違っていると判断する
5. 「$\mu = 54$ ではない」という仮説が正しいと判断する

つまり，「母平均は 54 点よりもずっと大きいかずっと小さいかのどちらかであって，『54 点である』という仮説は的外れであると考える」と言っており，問題作成者の「受験者全体の平均点が 54 点になるように作成した」という意図ははずれていると考える，と言っています。□

最初のくじ引きの例よりはだいぶ複雑ですが，これも「仮説が正しいとすると，確率の小さなことが目の前で起きていることになってしまうから，仮説は正しいとは思わない」という考え方で，検定のひとつです。

12.3.3　検定の言葉

検定には，独特の用語と言い回しが用いられますので，ここで説明していきます。

12.3.2 節の例題で，「母平均は 54 である」という仮説は「間違っている」と判断されました。このときの「母平均は 54 である」という仮説を**帰無仮説**といい，$H_0 : \mu = 54$ と表します[注6]。また，帰無仮説を「間違っている」と判断することを，帰無仮説を**棄却**するといいます。さらに，帰無仮説を棄却した結果，正しいと判断した「母平均は 54 ではない」という仮説を**対立仮説**といい，$H_1 : \mu \neq 54$ と表します。この判断を，対立仮説を**採択**するといいます。

上の推論では，「確率 5% でしか起きないことが，いま偶然起きていると考えるのは不合理」と考えています。つまり，確率 5% でしか起きないことが起きたということを説明する時，「偶然起きた」という説明ではなく，「帰無仮説が間違っ

注6　H は，hypothesis（仮説）という英語の頭文字です。

ているという『必然』によって起きた」という説明のほうが合理的だ，と考えているのです。偶然ではなく必然的に何かが起きることを「**有意**である」といい，この「5%」を**有意水準**といいます。

ところで，この例では，帰無仮説が正しいとするとき，「t 統計量が $-t_{0.025}(n-1)$ 以下かもしくは $t_{0.025}(n-1)$ 以上である」ならば帰無仮説を棄却する，という推論をしました。つまり，「帰無仮説が正しいとするとき，t 統計量がここに入ったら，帰無仮説を棄却する」という区間が，t 分布の確率密度関数で，左右両側にあります（図 12.6）。この区間を**棄却域**といい，棄却域を表すのに用いる統計量（ここでは t 統計量）を**検定統計量**といいます。また，検定統計量の値が棄却域に入ることを，**棄却域に落ちる**という表現をします。

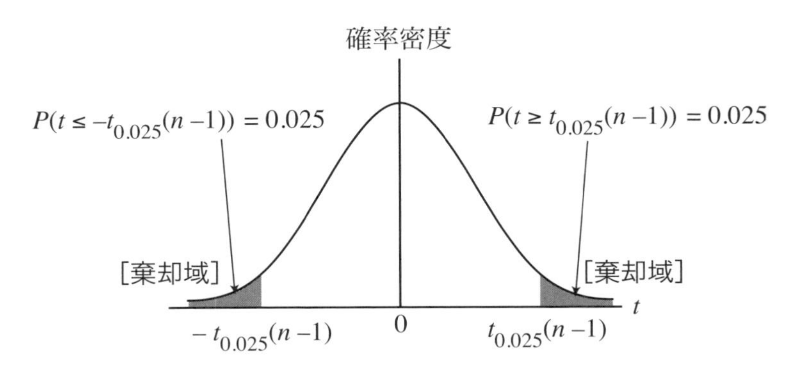

図 12.6　両側検定の棄却域

12.3.4　両側検定と片側検定

12.3.2 節の試験の例で説明した，区間推定にもとづくやりかたの検定は，棄却域が確率密度関数のグラフの左右両側にあるので，**両側検定**といいます。両側検定では，「母平均は 54 点よりもずっと大きいかずっと小さいかのどちらかであって，『54 点である』という仮説は的外れであると考える」と言っていて，「54 点よりも大きいだろう」とも「54 点よりも小さいだろう」とも言っていません。

一方，12.3.1 節の最初で例にあげた「くじ引き」の例では，「確率 50% で当たる」という帰無仮説が正しいとするとき，現実の当たり割合（10 回中 0 回しか当たらない）は少なすぎて，「当たり割合がそんなに少なくなる確率は 0.001 しかない」から，帰無仮説を棄却しました。このときは，採択される対立仮説は「当たり確率は 50% ではなく，もっと小さいだろう」ということになります。このような対立仮説を得る検定を**片側検定**といいます。

では，片側検定のほうが，対立仮説において，より意味のあることを言っているのでしょうか？それが，そうではないのです。両側検定を用いる場合と片側検定を用いる場合では，「立場」が違うのです。

「くじ引き」の例では，検定をしようと考えた理由は，「くじを引いてみたら，当たりが思ったより少なかったのが不満だった」からです。ですから，「確率 50% で当たる」という帰無仮説が正しいとするとき，当たりの本数が 10 本中 0 本である確率が非常に小さいことを計算で示して，帰無仮説を棄却しました。

しかし，このとき仮に 10 本中 10 本当たりが出たとしても，くじを引く人の立場では，とくに不満はありません。「確率 50% で当たる」という帰無仮説が正しいとき，10 本中 10 本当たる確率も非常に小さいですが，それは不満ではないので，帰無仮説を棄却しません。ですから，帰無仮説を棄却→当たり確率はもっと小さい，という結論になります。これが，片側検定の立場です。

これが，くじを催している商店主の立場ならどうでしょう？「確率 50% で当たる」としているときに，10 本中 10 本当たりが出たら，賞品が出すぎて店が破産してしまいます。一方，10 本中当たりが 0 本でも，店としてはとくに困ることはありません。ですから，商店主は，当たりが多すぎるときに帰無仮説を棄却する片側検定を行います。

これに対して，両側検定の例では，「この問題は，受験者全体の平均点が 54 点になるように作成した」という問題作成者の言い分が，適切かどうかを調べているので，仮説の 54 点という平均点が高すぎても低すぎても，棄却する必要があります。ですから，両側検定を行い，帰無仮説が棄却された場合に採択される対立仮説は「受験者全体の平均点は 54 点ではない」となります。

12.3.5　帰無仮説が棄却されない場合

ここまでに述べたように，検定では，「内心では」帰無仮説が棄却されて，対立仮説が採択されることが期待されています。この目論見の通りに棄却されると，「対立仮説を採択する」という結論が得られるわけです。帰無仮説を「無に帰す仮説」という名前でよぶのは，その意味合いがあります。

では，帰無仮説が棄却されない場合は，どういう結論になるのでしょうか？そ

こで，今回の両側検定の例で，有意水準を 1% にしてみましょう。この場合，

> 「t 統計量が $-t_{0.005}(n-1)$ 以下かもしくは $t_{0.005}(n-1)$ 以上である」という記述は，的中している確率が 1% でしかない

ということから出発します。$n = 10$ なので，数表で $t_{0.005}(9)$ を調べると，$t_{0.005}(9) = 3.2498$ であることがわかります。一方，先に計算したように，「母平均 μ は 54 である」という仮説が正しいとすると，t 統計量は $t = -2.53$ です。したがって，次のような推論をすることになります。

1. 「t 統計量が $-t_{0.005}(10-1)$ 以下かもしくは $t_{0.005}(10-1)$ 以上である」という記述は，的中している確率が 1% でしかない
2. 仮に「$\mu = 54$ である」という仮説が正しいとすると，そのとき t 統計量は $t = -2.53$ で，一方 $t_{0.005}(10-1) = 3.2498$ であるから，

   「t 統計量が $-t_{0.025}(10-1)$ 以下かもしくは $t_{0.025}(10-1)$ 以上である」

   という記述は正しいとはいえない
3. つまり，「的中している確率が 1% でしかないはずの記述が，いま偶然的中している」とまではいえない
4. 「$\mu = 54$ である」という仮説は間違っているとは言い切れない

これは，なんとも煮え切らない結論です。検定の言葉遣いでは，「帰無仮説は棄却されない」となります。

つまり，帰無仮説が棄却されなかったとすれば，その理由は「帰無仮説が正しい ($\mu = 54$) とするとき，いま得られているような t 統計量が得られる確率は，非常に小さいとまではいえない」ということになります。したがって，「帰無仮説が間違っているかどうかはわからない」「対立仮説が採択できるかどうかはわからない」という結論を導かなくてはなりません。今回の例でいえば，帰無仮説が棄却されなかった場合は，「$\mu = 54$ でないとはいえない」つまり，「目論見ははずれた。$\mu = 54$ でないとまで断言する自信はない」という結論になるのです。

注意しなければならないのは，あくまで，「いま得られているような t 統計量

が得られる確率は，非常に小さいとまではいえない」のであって，「確率が大きい」のではない，ということです。したがって，帰無仮説が棄却されなかったときに，「帰無仮説が正しい」「対立仮説は間違っている」という結論が得られるわけではありません。今回の例でも，「$\mu = 54$ である」などと答えてはいけません。つまり，

帰無仮説を棄却しない

＝ ×帰無仮説を採択する

　◯対立仮説を採択するべきかどうか断言できない

ということです。なお，「棄却すべき帰無仮説なのに，たまたま抽出された標本で計算すると，『棄却しない』という結論になった」という誤りを，**第 2 種の誤り**といいます[注7]。

12.3.6　有意水準について

ここまでの例では，有意水準が 5% のときは「帰無仮説を棄却する」と結論され，有意水準が 1% のときは「帰無仮説を棄却しない」という結論になりました。しかし，帰無仮説の内容や標本平均・不偏分散・標本サイズは同じで，有意水準は勝手に決めたのに，こんなに違った結論になってもよいのでしょうか？

これについては，「検定とはそういうものだ」ということを，よく理解しなければなりません。有意水準は，検定をする人の「大胆さ・慎重さ」の程度を表しているのです。

有意水準が大きい（5%）ときは，「いま起きている現実」が，帰無仮説が仮に正しいとしたときに起きる確率が 5% であれば，「そんなことが起きるはずがない，帰無仮説は間違っている」と結論します。はっきり物を言う態度ではありますが，帰無仮説が実は正しいときでも「間違っている」と断言してしまう可能性があります．大胆ですが，勇み足も多い，というわけです。

有意水準が小さい（1%）ときは，いま起きているような現実が起きる確率が，1% と相当に小さくないと，「まあそんなことも起きるかもしれない，帰無仮説は間違っているとは言い切れない」となり，結論を出しません。慎重ですが，煮え

注7　第 2 種の誤りを，俗に「ぼんやり者の誤り」といいます。第 2 種の誤りの確率をしばしば β（ベータ）で表すことにかけています。

切らない態度ということになります。

12.3.7 「（正規分布を仮定するとき，有意水準5%で）お前は嘘つきだ」

有意水準5%の検定では，帰無仮説が仮に正しいとするとき，確率5%でしか起きないはずのことが起きていることになってしまうのなら，帰無仮説を棄却します。

しかし，「確率5%でしか起きないはずのこと」は，言い換えれば確率5%で起きるのであって，確率ゼロではありませんから，それが偶然起きることはあるはずです。ですから，例えばここまでの例題で，母平均が本当に54である，つまり帰無仮説が正しいときでも，得られた標本が，母平均から偶然大きくはずれた数値ばかりで，その結果帰無仮説を偶然棄却してしまうことが，確率5%で起きます。これは間違った判断ですが，このような間違いをする確率が5%であるわけです。このような間違いを**第1種の誤り**といいます[注8]。

つまり

> 帰無仮説が本当に正しいとしても，有意水準5%の仮説検定を何度も行うと，そのうち5%の割合で第1種の誤りを犯して棄却し，採択すべきでない対立仮説を採択してしまう

ことになります。

ですから，同じ現象について何度もデータを集めて，同じ帰無仮説について検定を繰り返し，たまに対立仮説が採択されても，直ちに「帰無仮説は間違っている」とはいえません。例えば，「血液型と性格に関係はない」という帰無仮説について何度も標本を集めて検定を行い，たまに帰無仮説が棄却されて「血液型と性格に関係がある」という結論が出ても，直ちに「やっぱり血液型と性格には関係があるのだ」ということにはなりません。何度も検定を行うと，帰無仮説が間違っていない場合でも，たまに対立仮説が採択されるのは不思議ではありません。血液型と性格の問題でいえば，ごくたまに「血液型と性格に関係がある」と

注8　第1種の誤りを，俗に「あわて者の誤り」といいます。第1種の誤りの確率（＝有意水準）をしばしばα（アルファ）で表すことにかけています。

いう結論が出る程度であれば，「血液型と性格に関係があるとは今のところ言えない」というのが，科学的態度です。

では，結局，検定の結論は何を言っているのでしょうか？それは，

> 私は，帰無仮説は間違いだ，と判断する。
> ただし，私は 100 回中 5 回はウソを言う（第 1 種の誤りを犯す）人間である。
> 私が今回，本当のことを言っているのか，ウソを言っているのか，それは誰にもわからない。

というのと同じことです。これは，12.1.1 節の「区間推定とは」であげた予言者の例で，「確率 95% で当たる予言者が，明日地震が起きると予言したとき，明日本当に地震が起きるかどうかはわからない。わかるのは，この予言者が何度も予言をしたら，そのうち 95% は当たる，ということだけ」と説明したのと，まったく同じことです。

この程度のことしか言っていないのに，検定にはどういう意味があるのでしょうか？それは，検定とは，小さなサイズの標本しか調べられず，しかもそれを 1 度だけしか調べられないときに，「それだけの標本からでも，十分な確信をもって述べられる判断を述べる」方法，ということなのです。何度も何度も検定できるほど標本を集められるのなら，母集団を想定して検定によって結論を推測する必要はとくになく，集めたデータだけについての判断を下せばよいわけです。

ところで，区間推定と検定は同じようなことを言っていると，上で述べました。しかし，区間推定は「母平均は 50 から 60 の間にある」というように，結論に含みをもたせた言い方をしています。一方で，検定は「確率 50% で当たると宣伝しているのはウソ」「受験者全体の平均が 54 点という想定は間違っている」という，断定するような結論を導きます。

しかし，検定の結論には，本当は「正規分布モデルを仮定すると」「有意水準 5% で」などといった前提がいろいろとついています。それらを理解したうえで，検定の結論の意味を考えたり，その結論が間違っていた時の影響を考慮したりする必要があります。さきほど説明したように，有意水準が 5% か 1% かで，全然違う結論になってしまうのが，検定というものなのです。

それなのに，このように断定的な結論が示されると，前提は考慮されず，その結論は一人歩きしがちです。よく，「数学は，有無を言わさず結論をはっきり出して，冷たい」という人がいます。しかし，数学にもとづいて，いろいろな前提や通用の限界をきちんと述べる検定のほうが，ただ単に結論を述べることよりもずっと優しいと，著者はいつも思っています。

著者は，統計学の講義で検定の話をするときに，いつも思い出すことがあります。小学生のとき，クラスに，ふだんあまり勉強のできない子がいました。彼が，ある時テストで大変いい点数をとりました。ところが，クラスの他の子たちが「あいつがそんなにいい点数がとれるはずがない。きっとカンニングしたに違いない」と言い出しました。そして，あろうことか担任の先生までが，「カンニングしたんだろう」と言い出したのです。

ある年の講義でこの話をしたときに，受講生から「ひどい」という声があがったことがあります。その通り，とんでもなくひどい話です。しかし，仮説検定の「確率 50% で当たるはずのくじなのに，こんなに当たりが少ないはずはない。確率 50% で当たるというのはウソだ」という考え方は，「ふだん勉強ができないあいつが，そんなにいい点数がとれるはずがない。きっとカンニングしたに違いない」というのと同じなのです。

読者各位には，この話を「ひどい」と思える心があるのならば，検定を使うときにも，結論だけでなく「前提」のほうをきちんと理解して使っていただきたいと，強く願うものです。

演習問題

1. ある製品の長さを 10 回測定したとき，10 個の測定値の平均は 10.0cm でした。この測定では測定値の標準偏差が 0.1cm であることがわかっており，測定値が真の長さを期待値とする正規分布にしたがうとするとき，真の長さの 95% 信頼区間を求めてください。また，10.0cm というのが 20 個の測定値の平均であるときは，95% 信頼区間はどうなりますか。
2. ある試験の全受験者 10000 人から，11 人を抽出して採点すると，11 人の点数の平均は 65，不偏分散は 81 でした。受験者全体の平均点の 95% 信頼区間を求めてください。なお，この本で解説されている知識の範囲で問題を解くために必要な仮定があれば，それを付け加えてください。
3. 10 人の被験者に，薬 A を与えた場合と薬 B を与えた場合とで，それぞれに同じ検査を行うと，その結果の数値は次の表の通りとなりました。このとき，薬 B は薬 A よりも検査の数値を高くする働きがあるといえるかを，有意水準 5% の t 検定を用いて答えてください。

被験者番号	1	2	3	4	5	6	7	8	9	10
薬 A	60	65	50	70	80	40	30	80	50	60
薬 B	64	63	48	75	83	38	32	83	53	66

演習問題の解説

1. 真の長さを μ とすると，測定値は正規分布 $N(\mu, 0.1^2)$ にしたがいます。10 個の測定値は，母集団分布が $N(\mu, 0.1^2)$ である母集団からのサイズ 10 の標本と考えられますから，10 個の測定値の平均 $\bar{X}$ は $N\left(\mu, \frac{0.1^2}{10}\right)$ にしたがいます。したがって

$$Z = \frac{\bar{X} - \mu}{\sqrt{\frac{0.1^2}{10}}} \tag{12.12}$$

は標準正規分布にしたがい，

$$P(-1.96 \leqq \frac{\bar{X} - \mu}{\sqrt{\frac{0.1^2}{10}}} \leqq 1.96) = 0.95 \tag{12.13}$$

がなりたちます。式 (12.13) から

$$P\left(\bar{X}-1.96\sqrt{\frac{0.1^2}{10}} \leqq \mu \leqq \bar{X}+1.96\sqrt{\frac{0.1^2}{10}}\right)=0.95 \tag{12.14}$$

となり，このカッコ内の不等式の下限と上限が，μ の 95% 信頼区間の下限と上限を表します。いま，$\bar{X}$ は 10 なので，これを用いて計算すると，95% 信頼区間は $[9.94, 10.06]$ となります。標本サイズが 20 の場合は，式 (12.14) で分母の 10 を 20 に置き換えれば求められ，95% 信頼区間は $[9.96, 10.04]$ となります。

2. 本書で解説されている知識の範囲内でこの問題を解くために，(1) 標本が無作為抽出されていること，(2) 母集団分布，すなわち受験者全体の点数の分布が，正規分布モデルで表せること，の 2 つの仮定をつけくわえます。

　このとき，母平均すなわち受験者全体の平均点を μ，標本平均を $\bar{X}$，不偏分散を s^2，標本サイズを n とすると，t 統計量，すなわち

$$t=\frac{\bar{X}-\mu}{\sqrt{\frac{s^2}{n}}} \tag{12.15}$$

は，自由度 $n-1$ の t 分布にしたがいます。このとき，$t_{0.025}(n-1)$ を自由度 $n-1$ の t 分布の上側 2.5 パーセント点とすると，

$$P\left(\bar{X}-t_{0.025}(n-1)\sqrt{\frac{s^2}{n}} \leqq \mu \leqq \bar{X}+t_{0.025}(n-1)\sqrt{\frac{s^2}{n}}\right)=0.95 \tag{12.16}$$

がなりたち，μ の 95% 信頼区間の下限と上限は，カッコ内の不等式の下限と上限で表されます。

　問題では，$\bar{X}=65$，$s^2=81$，$n=11$ で，数表から $t_{0.025}(10)=2.228$ なので，これらを使って計算すると，受験者全体の平均点の 95% 信頼区間は $[58.95, 71.05]$ となります。

注意　問題文に「全受験者 10000 人から」とありますが，これはヒッカケで，母集団の大きさは信頼区間には影響しません。つまり，「信頼区間の幅は，標本のサイズそのもので決まり，標本サイズの母集団の大きさに対する割合には無関係」ということです。

　少々不思議な感じがしますが，これは「母集団のある階級の相対度数=その母集団から無作為抽出された標本がその階級に属する確率」という，本章のはじめに説明した関係を考えているからです。相対度数は，母集団の大きさには無関係です。したがって，その標本から計算される区間推定の結果も，母集団の大きさには無関係です。

　このことが正確に実現されるには，標本はいつも同じ状態の母集団から取り出されなければなりません。母集団をいつも同じ状態に保つには，取り出

した標本を母集団に戻し，それから次の標本を取り出さねばなりません。このような抽出のしかたを**復元抽出**といいます。しかし，実際には取り出した標本を戻さずに次の標本を取り出さざるを得ないことも多く，これを**非復元抽出**といいます。母集団の大きさが標本サイズよりも十分に大きければ，非復元抽出であっても復元抽出とほとんど変わりませんが，母集団の個体数が小さい場合は補正が必要です。この補正のやり方については，この本では扱いません。

3. 各被験者について，薬 B での数値が薬 A での数値に比べていくら大きくなっているかを，次の表で表します。

被験者番号	1	2	3	4	5	6	7	8	9	10
薬 A	60	65	50	70	80	40	30	80	50	60
薬 B	64	63	48	75	83	38	32	83	53	66
差	4	−2	−2	5	3	−2	2	3	3	6

この「差」が正規母集団からの標本であると考えて，母集団全体で「差」の平均を μ とするとき，μ が 0 より大きいといえるかどうかを検定します。帰無仮説を $H_0\colon \mu = 0$，対立仮説を $H_1\colon \mu > 0$ とする片側検定を行います。
標本での「差」の平均を $\bar{X}$，不偏分散を s^2，標本サイズを n とすると，

$$t = \frac{\bar{X} - \mu}{\sqrt{\frac{s^2}{n}}} \tag{12.17}$$

という値は，自由度 $n-1$ の t 分布 $t(n-1)$ にしたがいます。いま，帰無仮説 $H_0\colon \mu = 0$ が正しいとすると，$\mu = 0$ を上の式に代入して

$$t = \frac{\bar{X}}{\sqrt{\frac{s^2}{n}}} \tag{12.18}$$

が自由度 $n-1$ の t 分布 $t(n-1)$ にしたがいます。
表の数値から計算すると，「差」の標本平均 $\bar{X} = 2.0$，不偏分散 $s^2 = 8.89$，標本サイズ $n = 10$ なので，式 (12.18) の t 統計量の値は 2.121 となります。一方，自由度は $n-1=9$ で，このときの上側 5% 点は数表より $t_{0.05}(9) = 1.8331$ です。t 統計量が上側 5% 点より大きいので，帰無仮説は棄却され，母集団全体で「差」の平均が 0 より大きい，すなわち，有意水準 5% で，薬 B は薬 A よりも検査の数値を高くする働きがあるといえます。
解説　この問題のような検定を「対応のある t 検定」といい，医学・心理学の実際の研究でもよく用いられます。

第13章

連続型確率分布と中心極限定理の意味

13.1 連続型確率分布

第 10 章で正規分布モデルを説明したときに，そのヒストグラムが，図 13.1 のように柱の見えないものになることを示しました。これは，確率変数の値を階級値で表したときに，階級を十分に細かく，階級幅を十分に狭くした状態を示しています。図 13.1 のグラフは，細かすぎて見えなくなった柱の，上の縁を曲線で表したもので，確率密度関数という，ということにも触れました。

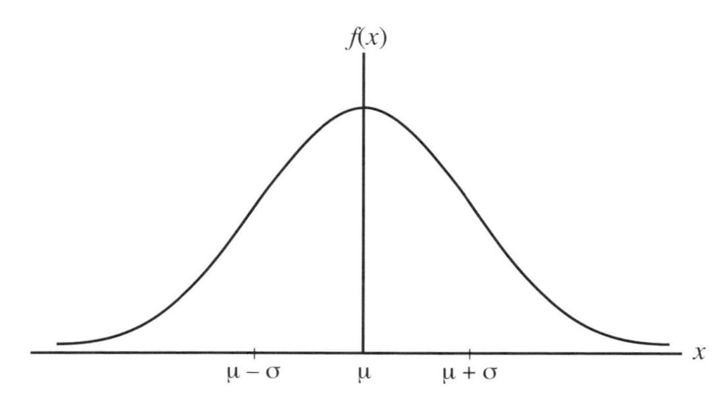

図 13.1　正規分布のヒストグラム

いったいなぜ，このようなものを考えるのでしょうか？それは，ひとことでいえば「数学の都合」です。

度数分布や確率分布を最初に説明したときには，くじ引きの「1 等 1000 円，2 等 100 円，はずれ 0 円」という賞金のように，確率変数の値がいくつかの決まった数値にしかならない例を用いました。あるいは，連続した数値の区間である階級をひとつの数値で代表する「階級値」を導入して，確率変数は，階級値 20 点の次は階級値 30 点というように，「とびとび」の値をとる，と考えてきました。これは，度数分布を「階級と相対度数を対応づける」ものとする説明や，確率分布を「可能な値とその値になる確率を対応づける」ものとする説明をする際には，大変わかりやすいものです。

一方，確率分布モデルを考えた目的は，確率分布の「パターン」を数式で書くことで，数式のパラメータだけを推測すれば確率分布全体が推測できるようすることです。では，確率変数のとりうる値が「とびとび」のとき，それと対応する確率との関係を，数式で簡単に書くことができるでしょうか？

第5章で「関数と式」について説明しましたが，そのときに例とした1次関数は，グラフが連続した直線になっていることでわかるように，独立変数（グラフの横軸）も従属変数（グラフの縦軸）も，とびとびにはなっておらず，連続です。2次関数も同じです。それ以外に，高校で三角関数や指数関数，対数関数を習った読者も多いと思いますが，それらもみな連続な関数です。

なぜ，連続な関数ばかりを習ったのかというと，数学では，とびとびの値をとる数式よりも，連続なグラフになるような数式のほうがずっと簡単だからです。とびとびの関数どころか，図13.2のように，途中に何ヶ所か段差のある関数でも，簡単な式で書くことはできず，「$0 \leqq x < 1$ のとき $y = 1$，$1 \leqq x < 2$ のとき $y = 2$，…」のように書くしかありません。

図 13.2 階段状の関数．白丸は「その点を含まない」，黒丸は「その点を含む」の意味．

そこで，確率分布モデルを簡単な数式で表せるようにするために，連続な関数の形で表すことを考えます。そのために，ヒストグラムの説明のところで述べた，「ヒストグラムの柱は，分割することができる」という性質を使います。

ヒストグラムの各柱をどんどん細かく分割することで，階級の区切りかたを「十分に」細かくしたとします。このような確率分布は，値がとびとびにならない，図13.3の右側のように「ある範囲内のどんな値にでもなることができる」確率分布と考えることができます。このような確率分布が**連続型確率分布**で，これに対して，確率変数がとびとびの値（例えば，くじびきの当たり回数）になるような確率分布は，**離散型確率分布**といいます。

連続型確率分布では，確率変数が「ある1つの値」をとる確率ではなく，「あ

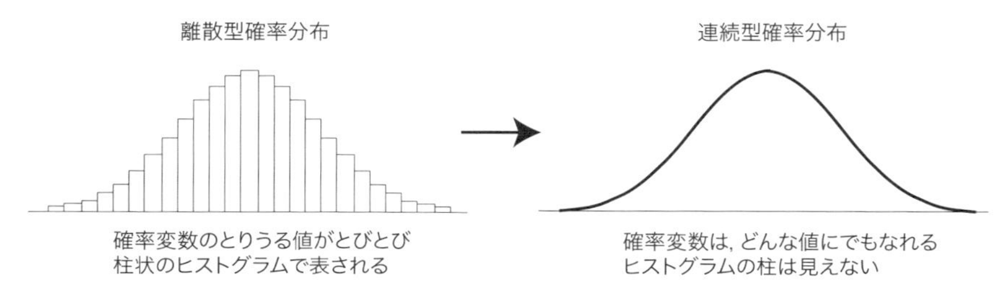

図 13.3　連続型確率分布

る範囲の値」をとる確率を考えます。このことを，離散型確率分布と連続型確率分布の関係から見てみましょう。

離散型確率分布の場合，確率変数が「ある範囲の値」をとる確率は，確率変数のある範囲内の値に対応する確率を合計したものです。ヒストグラム上でこれを見ると，ある範囲内にある「柱」の面積を合計したものになります。「ヒストグラムで度数を表しているのは柱の高さではなく柱の面積」であるからです。これは，図 13.4 の左のヒストグラムの，グレーの部分の柱の面積に相当します。

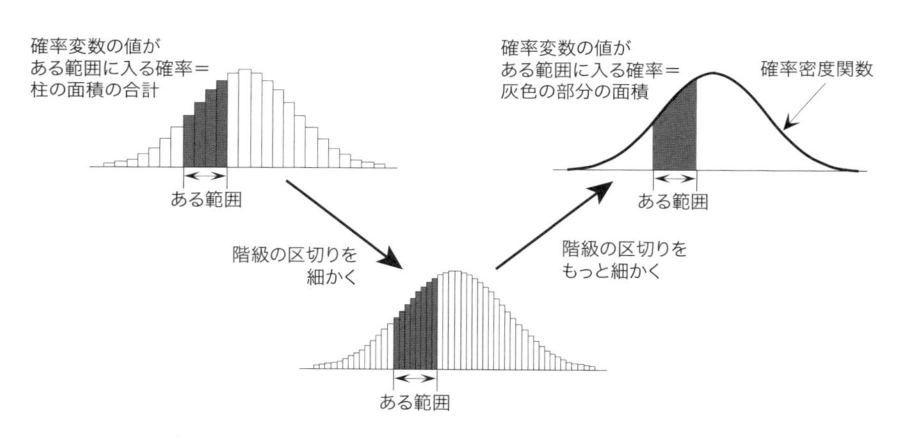

図 13.4 「ある範囲」に入る確率

このヒストグラムについて，階級の区切りを細かくしてヒストグラムの柱を分割していきます。そして，階級の区切りが見えないほど細かくなった，図 13.4 の右のヒストグラムで表されるのが，連続型確率分布です。このとき，柱は見えなくなっていますが，やはりグレーの部分の面積は同じです。ですから，確率変数の値がさきほどの範囲に入る確率は，やはり同じグレーの部分の面積で表されます。

図 13.4 の右のようになったヒストグラムでの，グレーの部分の面積は，第 6 章で説明した「積分」と同じものです。つまり，右のグラフのグレーの部分の面積を求めるには，「ヒストグラムの上端をつないだグラフで表される関数」を「さきほどの範囲」で積分する，ということができます。

この「ヒストグラムの上端をつないだグラフで表される関数」は，**確率密度関数**とよばれます。図 13.4 の右のグラフには，もはや柱はありませんから，ヒストグラムと同じものだとはいっても，これをヒストグラムとよぶのは少々苦しいところです。正確には，これは「確率密度関数のグラフ」とよばれます。

つまり，

「確率変数がある範囲の値に入る確率」

＝「確率密度関数のグラフの下の部分のうち，この範囲にあたる部分の面積」

＝「確率密度関数のこの範囲での積分」

という関係になっています。

この本では，積分の計算をすることはありません。第 10，11，12 章で用いた数表は，正規分布など特定の確率分布モデルについて，積分の値を計算してまとめたものです。

13.2 中心極限定理の意味

10.2 節で，無数にある確率分布モデルの中で，現実の現象にもっとも頻繁に見られるのは正規分布モデルであり，それは中心極限定理があるから，と述べました。中心極限定理とは，おおざっぱにいうと「ある確率変数が，無数の独立な確率変数の平均になっているときは，その確率変数がしたがう確率分布は概ね正規分布になる」というものです。

先に述べた通り，中心極限定理の証明には，もっとも簡単な場合でも，大学の理工系学部の 1，2 年あたりで学習する解析学の知識が必要なため，ここでは証明については説明しません。ただ，独立な確率変数を平均すると，なぜ正規分布のように「真ん中あたりの値になる確率が大きく，極端に大きいあるいは小さい値になる確率は小さい」ことになるのかを，次の例題を通じて見てみましょう。

例題　1 枚の硬貨を投げるとき，表が出る確率・裏が出る確率はいずれも $\frac{1}{2}$ であるとします。また，1 枚の硬貨を投げるという試行を何度も行うとき，各試行は独立であると考えます。つまり，何回目に硬貨を投げたときも，その結果は他の試行には影響されません。
いま，1 枚の硬貨を 1 回投げて，表が出ると賞金 1 円がもらえ，裏が出ると賞金は 0 円であるとします。

1. 硬貨を 1 回投げてもらえる賞金は，確率変数です。これを X_1 で表すとき，X_1 がしたがう確率分布はどうなりますか。
2. 次にもう一度硬貨を 1 回投げて，もらえる賞金を確率変数 X_2 で表すとき，X_1 と X_2 の平均，すなわち $\frac{X_1+X_2}{2}$ がしたがう確率分布はどうなりますか。
3. さらにもう一度硬貨を 1 回投げて，もらえる賞金を確率変数 X_3 で表すとき，X_1，X_2，X_3 の平均，すなわち $\frac{X_1+X_2+X_3}{3}$ がしたがう確率分布はどうなりますか。また，硬貨を投げる回数をさらに増やしていくと，それらの賞金の平均がしたがう確率分布はどうなっていくでしょうか。

1. 表が出る確率・裏が出る確率はいずれも $\frac{1}{2}$ ですから，「賞金 X_1 は，0 円である確率が $\frac{1}{2}$，1 円である確率が $\frac{1}{2}$」です。これを数式では

$$\begin{cases} P(X_1=0) & = \frac{1}{2} \\ P(X_1=1) & = \frac{1}{2} \end{cases} \tag{13.1}$$

と書きます。ヒストグラムを描くと，図 13.5 の (a) のようになります。ヒストグラムでは柱の面積で確率を表すので，縦軸は描かず，各柱の上に確率の値を書いてあります。柱の面積の合計は 1，つまり 100% です。

2. 2 回の賞金の合計 X_1+X_2 は，1 回目と 2 回目の試行の結果によって次のようになります。

1回目	2回目	合計（$X_1 + X_2$）
表	表	2円
表	裏	1円
裏	表	1円
裏	裏	0円

1回目の試行と2回目の試行は独立ですから，例えば「1回目で表が出て，かつ，2回目で表が出る」確率は，「1回目で表が出る確率」×「2回目で表が出る確率」で，すなわち $\frac{1}{2} \times \frac{1}{2} = \frac{1}{4}$ です。他の場合の確率も同様です。$X_1 + X_2 = 1$ となる場合が2通りありますが，これらは同時には起こりませんから[注1]，この2通りのどちらかが起きる確率は，それぞれの確率の和となります。したがって，$X_1 + X_2$ のしたがう確率分布は，

$$\begin{cases} P(X_1 + X_2 = 2) & = \frac{1}{4} \\ P(X_1 + X_2 = 1) & = \frac{1}{4} + \frac{1}{4} = \frac{1}{2} \\ P(X_1 + X_2 = 0) & = \frac{1}{4} \end{cases} \tag{13.2}$$

で表されます。2回の賞金の平均 $\dfrac{X_1 + X_2}{2}$ は，賞金の合計 $X_1 + X_2$ の半分ですから，したがう確率分布は

$$\begin{cases} P\left(\frac{X_1+X_2}{2} = 1\right) & = \frac{1}{4} \\ P\left(\frac{X_1+X_2}{2} = 0.5\right) & = \frac{1}{2} \\ P\left(\frac{X_1+X_2}{2} = 0\right) & = \frac{1}{4} \end{cases} \tag{13.3}$$

と表されます。2回の賞金の平均のヒストグラムを描くと，図13.5の(b)のようになります。このとき，(b)のヒストグラムでも，柱の面積の合計は(a)と同じく100%なので，柱の面積の合計は(a)も(b)も同じになるように描いてあります。(a)にも(b)にも「確率 $\dfrac{1}{2}$」を表す柱がありますが，これらは面積がどちらも同じなのであって，柱の幅が違うので高さは違っていることに注意してください。

3. 上と同様に考えて，$X_1 + X_2 + X_3$ の可能な値とそうなる確率を考えると，

注1　2つの事象が同時には起こらないことを**排反**といいます。

X_1+X_2	2 回目までの確率	3 回目の結果	$X_1+X_2+X_3$	3 回目までの確率
2 円	$\frac{1}{4}$	表	3 円	$\frac{1}{4}\times\frac{1}{2}=\frac{1}{8}$
		裏	2 円	$\frac{1}{4}\times\frac{1}{2}=\frac{1}{8}$
1 円	$\frac{1}{2}$	表	2 円	$\frac{1}{2}\times\frac{1}{2}=\frac{1}{4}$
		裏	1 円	$\frac{1}{2}\times\frac{1}{2}=\frac{1}{4}$
0 円	$\frac{1}{4}$	表	1 円	$\frac{1}{4}\times\frac{1}{2}=\frac{1}{8}$
		裏	0 円	$\frac{1}{4}\times\frac{1}{2}=\frac{1}{8}$

となります。したがって，この表から $X_1+X_2+X_3$ の値ごとにその値になる確率をまとめると，$X_1+X_2+X_3$ のしたがう確率分布は，

$$\begin{cases} P(X_1+X_2+X_3=3) &= \frac{1}{8} \\ P(X_1+X_2+X_3=2) &= \frac{1}{8}+\frac{1}{4}=\frac{3}{8} \\ P(X_1+X_2+X_3=1) &= \frac{1}{8}+\frac{1}{4}=\frac{3}{8} \\ P(X_1+X_2+X_3=0) &= \frac{1}{8} \end{cases} \tag{13.4}$$

で表されます。よって，3 回の賞金の平均 $\dfrac{X_1+X_2+X_3}{3}$ がしたがう確率分布は

$$\begin{cases} P\left(\frac{X_1+X_2+X_3}{3}=1\right) &= \frac{1}{8} \\ P\left(\frac{X_1+X_2+X_3}{3}=0.66\ldots\right) &= \frac{3}{8} \\ P\left(\frac{X_1+X_2+X_3}{3}=0.33\ldots\right) &= \frac{3}{8} \\ P\left(\frac{X_1+X_2+X_3}{3}=0\right) &= \frac{1}{8} \end{cases} \tag{13.5}$$

となります。3 回の賞金の平均のヒストグラムを描くと，図 13.5 の (c) のようになります。これも，柱の面積の合計は (a) (b) と同じになるように描いてあります。

ここまでの図 13.5 (a) (b) (c) をみてわかるように，硬貨を投げる回数をさらに増やしていくと，確率変数の値が 0 から 1 の範囲にあるのは変わりませんが，賞金の平均のヒストグラムはだんだんと山型に近づいていきます。

□

この例題でわかるように，独立な試行を繰り返し，その結果を平均した確率変数を考えると，試行の回数が増えていくにつれ，真ん中あたりの値になる確率が大きくなり，端のほうの値になる確率が小さくなって，ヒストグラムは山型に近

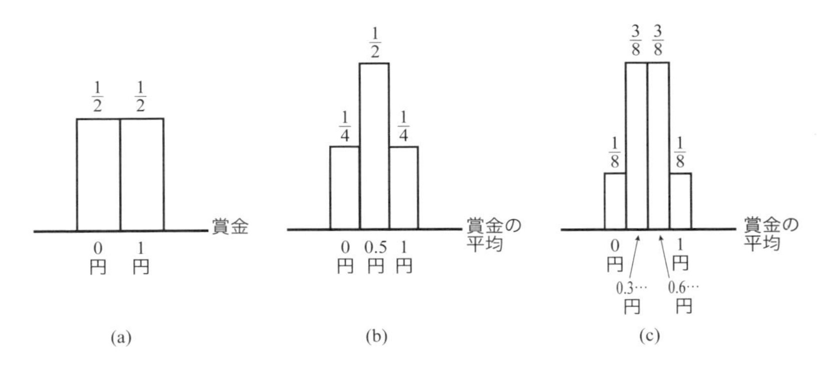

図 13.5　硬貨を投げて得られる賞金のヒストグラム．(a) 1 回投げた時の賞金 (b) 2 回投げた時の賞金の平均 (c) 3 回投げた時の賞金の平均

づいていきます。このことは，「いくつもの確率変数の和が極端に大きな値になるときは，それらの確率変数が同時に大きな値になるときである」こと，さらに「それらの確率変数が独立なのであれば，それらが同時に大きな値になる確率は小さい」ことを意味しています。和が極端に大きな値になるときだけでなく，極端に小さな値になる場合も同じです。

中心極限定理が実際に述べていることは，独立な確率変数を無数に足しあわせて平均をとると，その極限の確率分布が，ただ単に山型に近づくだけでなく，この章の最初に図 13.1 で示した形のヒストグラム（確率密度関数）を持つ正規分布になる，ということです。

なお，この例題での賞金の合計や平均は，「2 項分布モデル」という確率分布モデルで表されることが知られています。この例題で説明した，「試行の回数が多いとき，2 項分布モデルは正規分布モデルで近似できる」という性質は「ド・モアブル＝ラプラスの定理」とよばれるものです。この定理は，18 世紀の前半に発見されて，中心極限定理の最初のきっかけとなりました。それから中心極限定理が最終的に完成されるまでに，200 年近くの歳月が費やされています。

13.3　正規分布は現実に存在するのか

ここまでに述べた通り，連続型確率分布を表現する確率密度関数は，確率変数がとりうる各値の「現れやすさ」を表してはいますが，確率そのものではありません。確率変数がある範囲の値をとる確率は，グラフの下の，その範囲に対応する部分の面積（積分）で表されます。グラフの下の部分全体の面積は，「確率変数の値が，とりうる値の範囲全体のどこかにある確率」ですから，1（100%）となります。

一方，「連続型確率変数がある 1 つの値となる確率」は，その値での確率密度関数の値（グラフの高さ）ではありません。「連続型確率変数がある 1 つの値となる確率」は，値の範囲の幅が 0 ですから，その範囲に対応するグラフの下の部分の面積も 0 で，すなわち 0 です。

すなわち，確率変数が「何かの値になる確率は 1」だが，「ある特定の値になる確率は 0」だ，と言っているのです。例えば，日本男性の身長の分布が，正規分布で表されるとしましょう。そうすると，日本男性全体からくじ引きで一人を取り出したとき，その人の身長が 170cm から 175cm の範囲に入る確率はいくらかの値であるし，「何 cm でもいいから何かの値」である確率は 100% ですが，「171cm ちょうど」である確率は 0 です。

ずいぶんおかしな話ですが，これは，連続型確率分布というものを導入した結果生じた「歪み」だと思ってください。本章のはじめに述べたように，連続型確率分布という考え方を導入したのは，連続型のほうが数式が簡単だという「数学の都合」です。

一方，現実のデータは，必ず何桁かの数字で表されるわけですから，どんなに細かく表現しても必ず「デジタル」，すなわち「とびとび（離散的）」です。身長だったら，健康診断のときは「171.1cm」と 0.1cm の単位までで測るでしょうし，実用的には「171cm」のように cm の単位で十分です。既製服の店で服の寸法を表すのであれば，「170cm」「175cm」というように 5cm 刻みくらいで十分かもしれません。

これを「171.12345cm」のように細かく測ることができたとしても，そのような細かい数値は風が少し吹いても埃が一粒乗っても変わってしまいますし，そのような細かい数値の差を問題にすることは現実にはありません。それに，「171.12345cm」と 0.00001cm の桁まで測ったとしても，その測定は「0.00001cm 刻み」であり，171.12345cm の次の数値は 171.12346cm であって，けっして連続ではありません。

つまり，「日本男性の身長の分布が，正規分布で表される」というのは，本来離散的な分布を連続型確率分布である正規分布で「だいたい」表すことができる，言い換えれば，ヒストグラムの形が「だいたい」正規分布の確率密度関数のグラフに近い，ということです。

また，正規分布の確率密度関数のグラフは，左右とも無限に広がっていて，端はありません。これも現実にはありえないことで，たとえば人間の身長も，小さい方にも大きいほうにも限りがあります。これについてもやはり，現実のヒストグラムの形が，端のことはひとまずおいておいて，「だいたい」正規分布の確率密度関数のグラフに近い，と意味で「正規分布で表される」といっています。

ところで，この「離散と連続の間」の問題は，数学としては微妙な問題を含んでいます。統計学からは少し離れますが，下の例題でみてみましょう。

例題　1 秒毎にステップ式に動くのではなく，連続的に動く秒針があるとします。あなたは，好きなときにボタンを押して秒針を止めることができます。針を見ずにあなたがボタンを押したとき，

1. 針が 0 時の位置から 3 時の位置の間に止まる確率はいくらですか。
2. 針が 0 時ちょうどの位置に止まる確率はいくらですか.

針が止まる位置は連続型確率変数と考えることができます。針は一定の速度で動きますから，特定の場所に止まりやすい，止まりにくい，といった偏りはありません。ですから，確率密度関数のグラフは図 13.6 のような平坦な形になります。このような確率分布を「一様分布」といいます。

例題の 1. については，0 時の位置から 3 時の位置に止まる確率は図 13.6 の灰色の部分の面積です。0 時から 3 時の間の幅は文字盤一周の $\frac{1}{4}$ ですから，この面積もグラフの下の部分全体の面積の $\frac{1}{4}$ となり，求める確率は $\frac{1}{4}$ となります。

これに対して，例題の 2. では，文字盤上で「0 時ちょうど」の部分の幅は 0 ですから，そこに止まる確率も 0 です．この答えについて，こんな疑問を持つ人がいるのではないでしょうか。

「0 時ちょうどに針が止まる確率は，『0 時ちょうど』の幅が 0 だから，0 だという。それならば，0 時 0 分 0 秒にも 0 時 0 分 0.1 秒にも 0 時 0 分 0.01 秒

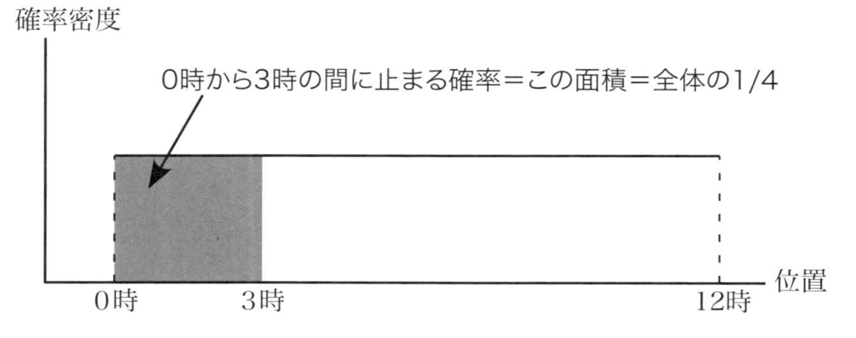

図 13.6　時計の針が止まる位置の確率密度関数

にも，文字盤の周上のどこに止まる確率もみな 0 のはずだ。それなのに，『0 時から 3 時までの間』のどこかに止まる確率は $\frac{1}{4}$ だという。これはどういうことか」

これは，先ほど出てきた「連続型確率分布の歪み」と同じことです。この疑問に答えるポイントは，「文字盤の周をいくら細かく刻んでも，その刻みで文字盤の周全体を埋め尽くすことはできない」ということです。つまり，0 時 0 分 0 秒にも止まる確率も，0 時 0 分 0.1 秒に止まる確率も，0 時 0 分 0.01 秒に止まる確率もみな 0 ですが，だからといって「文字盤の周上のどこに止まる確率もみな 0」ではないのです。

文字盤の周を，1 秒刻み，0.1 秒刻み，0.01 秒刻み，といくらでも細かく刻むことはできます。したがって，文字盤の周に無限個の刻みを並べることができます。このように「びっしり」と並んだ無限個の刻みは，数学の言葉では**稠密**であるといいます。このような無限個の刻みには，0 時ちょうどの位置から数えて，1 番から順に番号をつけることができます。「無限個だが，番号をつけて数えることができる」ことを，「数えられる無限」という意味で**可算無限**といいます。

一方，文字盤の周上の位置は，例えば 12 時ちょうどの位置を 0 度として，実数で表される角度で表現できます。もし，文字盤の周上の角度を表す全ての実数値に 1 番から番号をつけることができるなら，それは「可算無限個の刻みで，文字盤の周上の全ての点を埋め尽くすことができる」つまり「無限に刻みを細かくすれば，文字盤の周上のどんな位置でも表せる」ことになります。それならば，刻みの各点に止まる確率は 0 ですから，文字盤の周上のどこに止まる確率も 0 と

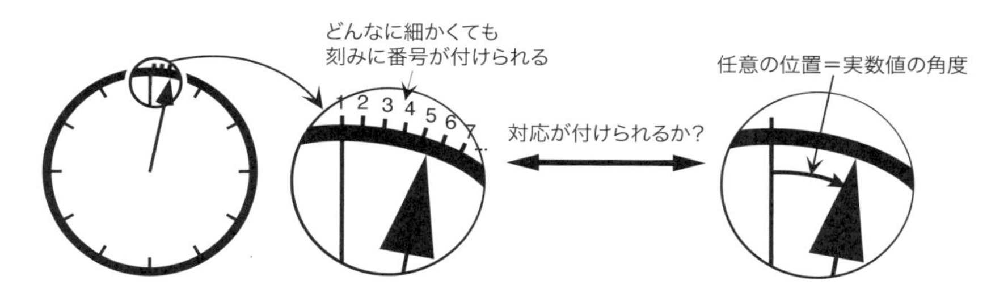

図 13.7　周上の無限個の刻みと，実数値の角度

いうことになります。

しかし，実は「すべての実数に 1 番から順に番号をつけることはできない」のです。つまり，「無限個」にも「大小」があり，文字盤の周上の実数値の数は，可算無限個よりもずっと多い，別種の無限個なのです。直観的にいえば，可算無限個の刻みは「びっしり」並んでいるのに対して，実数は「べったり」と塗りつぶされている，ということです。数学の言葉では，「実数は，稠密なだけでなく，**連続**である」といいます。

すべての実数に 1 番から順に番号をつけることができないことは，次に示す**カントールの対角線論法**で簡単に説明できます。説明を簡単にするため，0 以上 1 未満の実数を考えることにします．この区間のすべての実数は，0.xxxx . . . の形の，有限小数あるいは循環する無限小数（すなわち有理数），あるいは循環しない無限小数（すなわち無理数）で表されます[注2]。

さて，すべての実数に 1 番から番号をつけることができるとしましょう。そこで，図 13.8 のようにすべての実数を 1 番から順に上から並べた表を作ります。そこで，この表から，「1 番の実数の小数第 1 位，2 番の数の小数第 2 位，...，n 番の数の小数第 n 位...」のように，対角線上の各数字をつなぎあわせた数をつくり，さらにその数の各けたを「$0 \to 1$，$1 \to 2$，...，$9 \to 0$」のように置き換えた数を考えます。

この数は，さっきの表の 1 番の数とは小数第 1 位で，2 番の数とは小数第 2 位で，...，n 番の数とは小数第 n 位で...異なっています。つまり，表のどの数とも異なった数が存在することになり，「すべての実数を並べた表」であるということに矛盾します。つまり，「すべての実数を 1 番から順番に並べることはできな

注2　正確には，例えば $0.1 = 0.0999\ldots$ のように，有限小数は無限小数の形に統一して表すことにします。

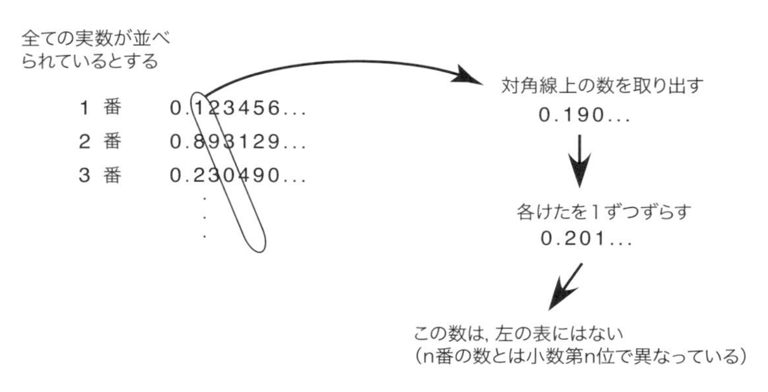

図 13.8　対角線論法

い」ことが証明されます。

「無限に大きい」とは，ただ「とてつもなく大きい」という意味なのではありません。「無限の中にも大小がある」のです。19 世紀の終わり頃に発見されたこの事実は，数学にとって，その基盤を揺るがすほどの大きな衝撃でした。「無限」というものを理解しようという人類の努力は，その後も現在に至るまで続けられています。

演習問題

1. 本文中の硬貨投げの例題で，4 回目に硬貨を投げてもらえる賞金を確率変数 X_4 で表すとき，4 回の試行で得られる賞金の 1 回あたりの平均がしたがう確率分布を記述し，ヒストグラムを描いてください。
2. 第 4 章で出てきた有理数は，2 つの整数を分母分子とする分数で表される数です。そこで，分母を横軸，分子を縦軸とする平面を考えると，有理数は図 13.9 のように，横軸・縦軸の座標がどちらも整数になる点[注3]で表されます（分母が 0 となる点を除く）。このことを使って，すべての有理数に 1 番から順に番号をつけることができることを示してください。

注3　「格子点」といいます。

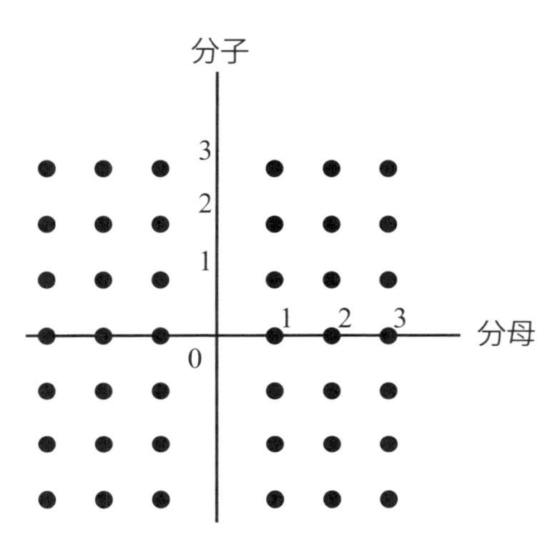

図 13.9　有理数を格子点で表す

演習問題の解説

1. 本文の例題と同様に考えて，$X_1 + X_2 + X_3 + X_4$ の可能な値とそうなる確率を考えると，

$X_1+X_2+X_3$	3回目までの確率	4回目の結果	$X_1+X_2+X_3+X_4$	4回目までの確率
3円	$\frac{1}{8}$	表	4円	$\frac{1}{8}\times\frac{1}{2}=\frac{1}{16}$
		裏	3円	$\frac{1}{8}\times\frac{1}{2}=\frac{1}{16}$
2円	$\frac{3}{8}$	表	3円	$\frac{3}{8}\times\frac{1}{2}=\frac{3}{16}$
		裏	2円	$\frac{3}{8}\times\frac{1}{2}=\frac{3}{16}$
1円	$\frac{3}{8}$	表	2円	$\frac{3}{8}\times\frac{1}{2}=\frac{3}{16}$
		裏	1円	$\frac{3}{8}\times\frac{1}{2}=\frac{3}{16}$
0円	$\frac{1}{8}$	表	1円	$\frac{1}{8}\times\frac{1}{2}=\frac{1}{16}$
		裏	0円	$\frac{1}{8}\times\frac{1}{2}=\frac{1}{16}$

となります。したがって，この表から $X_1 + X_2 + X_3 + X_4$ の値ごとにその値になる確率をまとめると，$X_1 + X_2 + X_3 + X_4$ のしたがう確率分布は，

$$\begin{cases} P(X_1+X_2+X_3+X_4=4) & = \frac{1}{16} \\ P(X_1+X_2+X_3+X_4=3) & = \frac{1}{16}+\frac{3}{16}=\frac{1}{4} \\ P(X_1+X_2+X_3+X_4=2) & = \frac{3}{16}+\frac{3}{16}=\frac{3}{8} \\ P(X_1+X_2+X_3+X_4=1) & = \frac{3}{16}+\frac{1}{16}=\frac{1}{4} \\ P(X_1+X_2+X_3+X_4=0) & = \frac{1}{16} \end{cases} \tag{13.6}$$

で表されます。よって，4 回の賞金の平均 $\dfrac{X_1+X_2+X_3+X_4}{4}$ がしたがう確率分布は

$$\begin{cases} P\left(\frac{X_1+X_2+X_3+X_4}{4}=1\right) & = \frac{1}{16} \\ P\left(\frac{X_1+X_2+X_3+X_4}{4}=0.75\right) & = \frac{1}{4} \\ P\left(\frac{X_1+X_2+X_3+X_4}{4}=0.5\right) & = \frac{3}{8} \\ P\left(\frac{X_1+X_2+X_3+X_4}{4}=0.25\right) & = \frac{1}{4} \\ P\left(\frac{X_1+X_2+X_3+X_4}{4}=0\right) & = \frac{1}{16} \end{cases} \tag{13.7}$$

となります。4 回の賞金の平均のヒストグラムを描くと，図 13.10 のようになります。3 回までの場合に比べて，さらに正規分布に近づいているのがわかると思います。

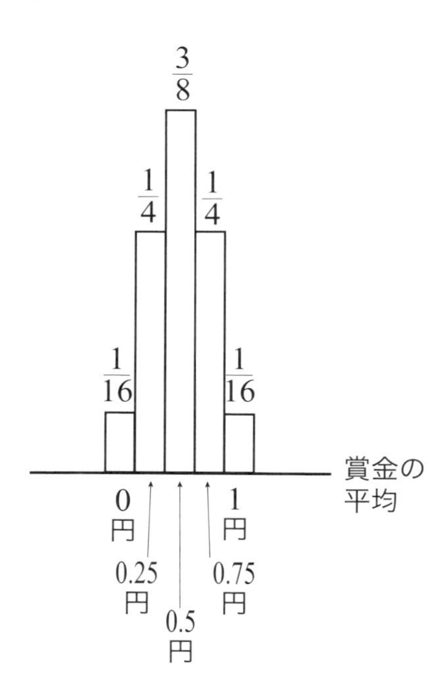

図 13.10　硬貨を 4 回投げて得られる賞金の平均のヒストグラム

2. 図 13.9 のように，有理数が分母を横軸，分子を縦軸とする座標平面上の格子点で表されているとき，図 13.11 のように，この格子点を渦巻き状にたどって数え上げていけば（ただし，分母が 0 である点と，約分すれば既にたどった数と同じになるものは飛ばす），1 番から順に番号をつけることができます。

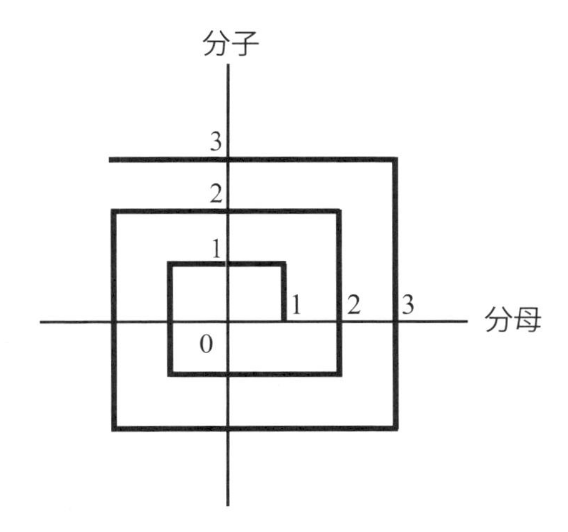

図 13.11　有理数に 1 番から順に番号をつける

第14章

標本平均の分散：なぜ「標本サイズ分の一」になるのか

14.1 標本平均の期待値と分散について

第 11 章で，母平均が μ，母分散が σ^2 の母集団から，サイズが n の標本を無作為抽出すると，

標本平均の期待値は μ，分散は $\dfrac{\sigma^2}{n}$

になると述べました。なぜこうなるのかを説明するのが，この章の目的です。

そのためには，2 つ以上の確率変数の「和」の期待値や分散がどうなるのかを，考える必要があります。なぜならば，サイズ n の標本を $X_1, X_2, \ldots, X_n$ とするとき，標本平均 $\bar{X}$ は，$\bar{X} = \dfrac{X_1 + X_2 + \cdots + X_n}{n}$ と，確率変数の和の形になっているからです。

このことを考えるためには，2 つの確率変数それぞれの確率分布だけでなく，それらの確率変数どうしの関係をも含めた確率分布を考える必要があります。これは，意外と難しいことです。著者が大学で担当している統計学の講義では，この部分，つまり，標本平均の期待値や分散が「なぜ」上のようになるのかは，扱っていません。しかし，このことを理由を示さずに「納得してください。」と言ってしまうことには，いつも少々不満を感じています。

本書の最終章では，このことについて，「確率変数どうしの関係をも含めた確率分布」である「周辺確率分布」と「同時確率分布」について，簡単な例を使って説明します。そして，まず標本平均の期待値と分散を求める式を示して，それを理解するのに必要な知識を「周辺確率分布」と「同時確率分布」を使って説明していきます。

14.2 周辺確率分布と同時確率分布

さて，13.2 節で取り上げた「硬貨投げ」の例題と似た状況を，もう一度考えてみます。

例題 1 枚の硬貨を投げるとき，表が出る確率・裏が出る確率はいずれも $\frac{1}{2}$ であるとします。硬貨を 1 回投げて，表が出ると賞金 1 円がもらえ，裏が出ると賞金は 0 円であるとします。いま，硬貨 1，硬貨 2 の 2 枚の硬貨があり，硬貨 1 を投げて得られる賞金を確率変数 X_1，硬貨 2 を投げて得られる賞金を確率変数 X_2 で表します。

1. X_1，X_2 それぞれのしたがう確率分布を記述してください。
2. X_1，X_2 の組み合わせについて，下の表 14-1 で各々の場合の確率を考えるとき，空欄に確率を入れてください。

表 14-1 硬貨について得られる賞金とそれが得られる確率？

		X_2	
		裏（0 円）	表（1 円）
X_1	裏（0 円）		
	表（1 円）		

1. 13.2 節の例題で述べたように，X_1 のしたがう確率分布は

$$\begin{cases} P(X_1 = 0) & = \frac{1}{2} \\ P(X_1 = 1) & = \frac{1}{2} \end{cases} \tag{14.1}$$

です。X_2 のしたがう確率分布も同じです。

2. おそらく，すぐに次の表 14-2 の通りだと考える人が多いのではないでしょうか。□

表 14-2　硬貨について得られる賞金とそれが得られる確率

		X_2	
		裏（0 円）	表（1 円）
X_1	裏（0 円）	$\frac{1}{4}$	$\frac{1}{4}$
	表（1 円）	$\frac{1}{4}$	$\frac{1}{4}$

しかし，本当にそうでしょうか？空欄に入れた確率はいずれも $\dfrac{1}{4}$ となっていますが，これらは「(硬貨 1 で表（あるいは裏）が出る確率) × (硬貨 2 で表（あるいは裏）が出る確率)」として計算されています。なぜ，かけ算だと考えたかというと，硬貨 1 の表裏の出方と，硬貨 2 の出方は，独立と考えたからです。9.3 節で述べたように，独立な 2 つの事象が同時に起きる確率は，それぞれが起きる確率の積になります。

13.2 節のよく似た例題でも，そのように考えました。しかし，13.2 節の例題には，「1 枚の硬貨を投げるという試行を何度も行うとき，各試行は独立であると考えます。つまり，何回目に硬貨を投げたときも，その結果は他の試行には影響されません」と書いてありました。

今回の例題では，硬貨 1 と硬貨 2 の独立については何も言っていません。だから，必ず表 14-2 のようになるとは限りません。もしも，硬貨 1 と硬貨 2 が「何か不思議な力」でつながっていて，硬貨 1 が表なら必ず硬貨 2 も表，硬貨 1 が裏なら必ず硬貨 2 も裏と決まっているのなら，空欄に入れる確率は表 14-3 のようになるはずです。

表 14-3　硬貨 1，2 が「何か不思議な力」でつながっているのなら

		X_2	
		裏（0 円）	表（1 円）
X_1	裏（0 円）	$\frac{1}{2}$	0
	表（1 円）	0	$\frac{1}{2}$

この場合でも，硬貨 1，硬貨 2 それぞれについては，表が出る確率が $\frac{1}{2}$，裏が出る確率が $\frac{1}{2}$ であることには変わりはありません。ですから，X_1 および X_2 のそれぞれがしたがう確率分布にも変わりはありません。それにもかかわらず，X_1 と X_2 の組み合わせについての確率分布は，独立な場合とは違います。このことは，2 つの確率変数の組み合わせのしたがう確率分布を考えるには，それぞれの確率変数のしたがう確率分布を考えるだけでは不十分で，2 つの確率変数の関係を考える必要があることを示しています。

確率の用語では，X_1，X_2 それぞれがしたがう確率分布（例題の 1 番）を，X_1 および X_2 がしたがう**周辺確率分布**といいます。また，X_1，X_2 の組がしたがう確率分布（例題の 2 番）を，X_1，X_2 の組がしたがう**同時確率分布**といいます。

周辺確率分布と同時確率分布は，どういう関係になっているでしょうか？そこで，X_1 および X_2 のしたがう周辺確率分布を，表 14-2 および表 14-3 の欄外に書き加えたのが，表 14-4 と表 14-5 です。

表 14-4　同時確率分布と周辺確率分布：表 14-2 の場合

		X_2		
		裏（0 円）	表（1 円）	X_1 の周辺確率分布
X_1	裏（0 円）	$\frac{1}{4}$	$\frac{1}{4}$	$P(X_1 = 0) = \frac{1}{2}$
	表（1 円）	$\frac{1}{4}$	$\frac{1}{4}$	$P(X_1 = 1) = \frac{1}{2}$
	X_2 の周辺確率分布	$P(X_2 = 0) = \frac{1}{2}$	$P(X_2 = 1) = \frac{1}{2}$	

表 14-5　同時確率分布と周辺確率分布：表 14-3 の場合

		X_2		
		裏（0 円）	表（1 円）	X_1 の周辺確率分布
X_1	裏（0 円）	$\frac{1}{2}$	0	$P(X_1 = 0) = \frac{1}{2}$
	表（1 円）	0	$\frac{1}{2}$	$P(X_1 = 1) = \frac{1}{2}$
	X_2 の周辺確率分布	$P(X_2 = 0) = \frac{1}{2}$	$P(X_2 = 1) = \frac{1}{2}$	

これらの表を見ると，周辺確率分布の各確率は，同時確率分布において対応する行または列にある確率の和になっていることがわかります。例えば，表 14-4 で網掛けをした部分を見てみましょう。ここでは，X_2 の周辺確率分布において，$X_2 = 1$ である確率 $P(X_2 = 1)$ を表しています。この確率は，すなわち「硬貨 2

が表である確率」で，例題の 1 で述べた通り $\frac{1}{2}$ です。これは，同時確率分布において，その上にある $\frac{1}{4}$ と $\frac{1}{4}$ の和になっています。

それはなぜかを考えてみましょう。表 14-4 の同時確率分布において，網掛けをした部分は，$X_2 = 1$ の場合，すなわち「硬貨 2 が表」の場合です。そのうち，

- 上の行は「$X_1 = 0$ かつ $X_2 = 1$」すなわち「『硬貨 1 が裏』かつ『硬貨 2 が表』」の場合
- 下の行は「$X_1 = 1$ かつ $X_2 = 1$」すなわち「『硬貨 1 が表』かつ『硬貨 2 が表』」の場合

を表しています。

上の行の確率と下の行の確率の和は，「($X_1 = 0$ または $X_1 = 1$) かつ $X_2 = 1$」である確率，すなわち $P((X_1 = 0$ または $X_1 = 1)$ かつ $X_2 = 1)$ を表します。なぜならば，$X_1 = 0$ という事象と $X_1 = 1$ という事象は，すなわち，それぞれ「硬貨 1 が裏」と「硬貨 1 が表」ですから，これらは同時には起こらない「排反」の事象です。同時には起こらない 2 つの事象のどちらかが起きる確率は，それぞれの事象が起きる確率の和になります。

さらに，硬貨 1 を投げて起きる結果は「裏」と「表」しかなく，他の可能性はありませんから，必ず「裏」または「表」のどちらかの事象が起きます。ですから，$P(X_1 = 0$ または $X_1 = 1) = 1$ です。

したがって，上で述べた，上の行の確率と下の行の確率の和，すなわち $P((X_1 = 0$ または $X_1 = 1)$ かつ $X_2 = 1)$ は，$P(X_2 = 1)$，すなわち周辺確率分布で表される確率になります。

この関係は，表 14-4 や表 14-5 の例だけでなく，どんな場合でも同じです。つまり，同時確率分布を X_1 の各場合（この例では $X_1 = 0$ と $X_1 = 1$）について合計すると，X_2 についての周辺確率分布になります。「周辺」というのは，平面上の表にならんだ同時確率分布を行および列について「周辺」に押し込んだ，というイメージを思い浮かべてもらえばよいと思います。

ところで，表 14-2 の場合は，同時確率分布での確率が，つねに対応する周辺確率分布での確率の積になっています。例えば，表 14-6 で網掛けで示した部分は，$P(X_1 = 0$ かつ $X_2 = 1) = P(X_1 = 0) \times P(X_2 = 1)$ という関係を表していま

表 14-6　確率変数 X_1 と確率変数 X_2 は独立

		X_2 裏（0 円）	X_2 表（1 円）	X_1 の周辺確率分布
X_1	裏（0 円）	$\frac{1}{4}$	$\frac{1}{4}$	$P(X_1 = 0) = \frac{1}{2}$
	表（1 円）	$\frac{1}{4}$	$\frac{1}{4}$	$P(X_1 = 1) = \frac{1}{2}$
X_2 の周辺確率分布		$P(X_2 = 0) = \frac{1}{2}$	$P(X_2 = 1) = \frac{1}{2}$	

す。同時確率分布でのどの確率についても，同じ関係が成り立っています。

この関係がつねに成り立っているとき，確率変数 X_1 と確率変数 X_2 は**独立**であるといいます。この「確率変数の独立」は，9.3 節で述べた「独立な 2 つの事象が同時に起きる確率は，それぞれが起きる確率の積」という関係を，確率変数について述べたものです。

14.3 標本平均の期待値と分散を求める式

これ以後，確率変数 X の期待値を $E(X)$，分散を $V(X)$ で表すことにします。

ある母集団から，標本として数値を 1 つ，無作為抽出するとしましょう。このとき，標本は，母集団と同じ確率分布にしたがう確率変数になります。また，この無作為抽出を何度か行ったとき，取り出される標本は互いに独立です。そこで，母平均が μ，母分散が σ^2 である母集団からサイズ n の標本を取り出し，それらを $X_1, X_2, \ldots, X_n$ で表すと，$X_1, X_2, \ldots, X_n$ は互いに独立で，各々が期待値 μ，分散 σ^2 の確率分布にしたがいます。

また，標本平均を $\bar{X}$ とすると，$\bar{X}$ は次の式で求められます。

$$\bar{X} = \frac{X_1 + X_2 + \cdots + X_n}{n} \tag{14.2}$$

このとき，標本平均の期待値 $E(\bar{X})$ と標本平均の分散 $V(\bar{X})$ を求める式を先に書いてしまうと，次のとおりです。

$$\begin{aligned} E(\bar{X}) &= E\left(\frac{X_1 + X_2 + \cdots + X_n}{n}\right) \\ &= \frac{1}{n}\{E(X_1) + E(X_2) + \cdots + E(X_n)\} \\ &= \frac{1}{n}(\mu + \mu + \cdots + \mu) = \frac{1}{n} \times n\mu = \mu \end{aligned} \tag{14.3}$$

$$
\begin{aligned}
V(\bar{X}) &= V\left(\frac{X_1 + X_2 + \cdots + X_n}{n}\right) \\
&= \left(\frac{1}{n}\right)^2 \{V(X_1) + V(X_2) + \cdots + V(X_n)\} \\
&= \frac{1}{n^2}(\sigma^2 + \sigma^2 + \cdots + \sigma^2) = \frac{1}{n^2} \times n\sigma^2 = \frac{\sigma^2}{n}
\end{aligned} \tag{14.4}
$$

なぜこうなるのかを，いまから順に説明していきます。

14.3.1　確率変数の期待値

まず，確率変数の期待値とは何かを思い出してみましょう。第 10 章で説明したように，

- 確率変数の期待値 ＝［確率変数がとりうる値 × その値になる確率］の合計

です。

再び，コイン投げの例を考えてみます。前節と同様に，1 枚の硬貨を投げるとき，表が出る確率・裏が出る確率はいずれも $\frac{1}{2}$ であるとします。そして，硬貨を 1 回投げて，表が出ると賞金 1 円がもらえ，裏が出ると賞金は 0 円であるとします。このとき，硬貨を 1 回投げて得られる賞金を確率変数 X で表すと，$X = 0$ となる確率は $P(X = 0)$，$X = 1$ となる確率は $P(X = 1)$ で表され，これらの確率はどちらも $\frac{1}{2}$ ですから，確率変数 X の期待値 $E(X)$，すなわち「［確率変数がとりうる値 × その値になる確率］の合計」は

$$
\begin{aligned}
E(X) &= 0 \times P(X = 0) + 1 \times P(X = 1) \\
&= 0 \times \frac{1}{2} + 1 \times \frac{1}{2} \\
&= \frac{1}{2}
\end{aligned} \tag{14.5}
$$

で，期待値は $\frac{1}{2}$（円）となります。

コイン投げだけでなく，もっと一般的な場合を考えてみましょう。確率変数 X のとりうる値を x とすると，$X = x$ となる確率は $P(X = x)$ で表されます。したがって，［確率変数がとりうる値 × その値になる確率］は $xP(X = x)$ で表されます。確率変数 X の期待値 $E(X)$ は，とりうる値のひとつだけについて考え

るのではなく，とりうる値のすべての場合について $xP(X=x)$ を合計して求められます。この計算は，合計を表す $\sum$ 記号を使って

$$E(X) = \sum_x xP(X=x) \tag{14.6}$$

と表されます。上の式で，$\sum$ 記号の下に小さく x と書いてあるのは，「可能なすべての x について合計する」という意味です。

14.3.2　確率変数の定数倍の期待値・確率変数の和の期待値

式 (14.3) で，

$$E\left(\frac{X_1+X_2+\cdots+X_n}{n}\right) = \frac{1}{n}\{E(X_1)+E(X_2)+\cdots+E(X_n)\} \tag{14.7}$$

のように式を変形しました。この計算を理解するには，

- 確率変数 X に定数 a をかけたものの期待値，すなわち $E(aX)$
- 確率変数 X_1 と確率変数 X_2 を足したものの期待値，すなわち $E(X_1+X_2)$

がどうなるかを知る必要があります。

まず，X に定数 a をかけた aX の期待値，すなわち $E(aX)$ がどうなるかを考えてみましょう。さきほどのコインの例でいうと，賞金が a 倍になった場合に相当します。例えば，賞金が 2 倍になった場合を考えると，式 (14.5) で賞金を 2 倍して計算して，

$$\begin{aligned} E(2X) &= (2\times 0)\times P(X=0)+(2\times 1)\times P(X=1) \\ &= (2\times 0)\times\frac{1}{2}+(2\times 1)\times\frac{1}{2} \\ &= 2\times\frac{1}{2} = 1 \end{aligned} \tag{14.8}$$

で，期待値も 2 倍の 1 円になります。この例でいう「賞金」は，一般の確率変数の場合には「確率変数のとりうる値」ですから，それを a 倍すると，確率変数の期待値も a 倍になります。式 (14.6) にならって書くと，

$$
\begin{aligned}
E(aX) &= \sum_x axP(X=x) \\
&= a\sum_x xP(X=x) \\
&= aE(X)
\end{aligned}
\tag{14.9}
$$

ということになります。

次に，確率変数 X_1 と確率変数 X_2 を足したものの期待値，すなわち $E(X_1+X_2)$ はどうなるかを考えてみましょう。再び前節のコインの例を考えることにして，表 14-4 を再掲します。

表 14-7　同時確率分布・周辺確率分布と，確率変数の和の期待値

		X_2 裏（0 円）	X_2 表（1 円）	X_1 の周辺確率分布
X_1	裏（0 円）	$\frac{1}{4}$	$\frac{1}{4}$	$P(X_1=0)=\frac{1}{2}$
	表（1 円）	$\frac{1}{4}$	$\frac{1}{4}$	$P(X_1=1)=\frac{1}{2}$
	X_2 の周辺確率分布	$P(X_2=0)=\frac{1}{2}$	$P(X_2=1)=\frac{1}{2}$	

同時確率分布での確率に対する網掛けの濃さの違いは，X_1+X_2 の値の違いを表しています。薄いところは $X_1+X_2=0$，中くらいのところは $X_1+X_2=1$，濃いところは $X_1+X_2=2$ に対応しています。

この例で，X_1+X_2 の期待値 $E(X_1+X_2)$ は，やはり「$(X_1+X_2$のとりうる値 $\times$ その確率）の合計」ですから，次のようになります。

$$
\begin{aligned}
E(X_1+X_2) &= (0+0)\times P(X_1=0\ \text{かつ}\ X_2=0) \\
&\quad + (0+1)\times P(X_1=0\ \text{かつ}\ X_2=1) \\
&\quad + (1+0)\times P(X_1=1\ \text{かつ}\ X_2=0) \\
&\quad + (1+1)\times P(X_1=1\ \text{かつ}\ X_2=1) \\
&= 0\times\frac{1}{4}+1\times\left(\frac{1}{4}+\frac{1}{4}\right)+2\times\frac{1}{4} \\
&= 1
\end{aligned}
\tag{14.10}
$$

この式を，いったんカッコをはずして書いてみます。丸付き番号（①，②，...）は，各項をわかりやすく区別するためにつけています。

$$
\begin{aligned}
&E(X_1+X_2)\\
&=0\times P(X_1=0\text{ かつ }X_2=0)^{①}+0\times P(X_1=0\text{ かつ }X_2=0)^{②}\\
&\quad+0\times P(X_1=0\text{ かつ }X_2=1)^{③}+1\times P(X_1=0\text{ かつ }X_2=1)^{④}\\
&\quad+1\times P(X_1=1\text{ かつ }X_2=0)^{⑤}+0\times P(X_1=1\text{ かつ }X_2=0)^{⑥}\\
&\quad+1\times P(X_1=1\text{ かつ }X_2=1)^{⑦}+1\times P(X_1=1\text{ かつ }X_2=1)^{⑧}
\end{aligned}
\tag{14.11}
$$

そのうえで，下のように組み替えます。丸付き番号で，対応を確認してください。

$$
\begin{aligned}
&E(X_1+X_2)\\
&=0\times P(X_1=0\text{ かつ }X_2=0)^{①}+0\times P(X_1=0\text{ かつ }X_2=1)^{③}\\
&\quad+1\times P(X_1=1\text{ かつ }X_2=0)^{⑤}+1\times P(X_1=1\text{ かつ }X_2=1)^{⑦}\\
&\quad+0\times P(X_1=0\text{ かつ }X_2=0)^{②}+0\times P(X_1=1\text{ かつ }X_2=0)^{⑥}\\
&\quad+1\times P(X_1=0\text{ かつ }X_2=1)^{④}+1\times P(X_1=1\text{ かつ }X_2=1)^{⑧}
\end{aligned}
\tag{14.12}
$$

さらに，各行をカッコでくくると

$$
\begin{aligned}
&E(X_1+X_2)\\
&=0\times\{P(X_1=0\text{ かつ }X_2=0)+P(X_1=0\text{ かつ }X_2=1)\}\\
&\quad+1\times\{P(X_1=1\text{ かつ }X_2=0)+P(X_1=1\text{ かつ }X_2=1)\}\\
&\quad+0\times\{P(X_1=0\text{ かつ }X_2=0)+0\times P(X_1=1\text{ かつ }X_2=0)\}\\
&\quad+1\times\{P(X_1=0\text{ かつ }X_2=1)+1\times P(X_1=1\text{ かつ }X_2=1)\}
\end{aligned}
\tag{14.13}
$$

となります。

この式の一番上の行をみると，$P(X_1=0\text{ かつ }X_2=0)+P(X_1=0\text{ かつ }X_2=1)$ は，前節で説明したように，周辺確率分布での確率 $P(X_1=0)$ となります。同様にして，周辺確率分布を使って上の式を書き直すと

$$
\begin{aligned}
E(X_1+X_2)=0\times P(X_1=0)&\\
+1\times P(X_1=1)&\\
+0\times P(X_2=0)&\\
+1\times P(X_2=1)&
\end{aligned}
\tag{14.14}
$$

となります。

この式の上 2 行は，「［X_1のとりうる値 × その値をとる確率］の合計」で，すなわち X_1 の期待値 $E(X_1)$ です。同様に下 2 行は，X_2 の期待値 $E(X_2)$ です。つまり，$E(X_1 + X_2) = E(X_1) + E(X_2)$ ということになります。

この説明で行ったことは，$E(X_1 + X_2)$ を表す式の中の足し算を並べ替えただけです。確率変数 X_1 と X_2 が独立であるかどうかや，それぞれの確率変数がどんな値をとるかには関係していません。したがって，X_1 と X_2 が独立であるかどうかにかかわらず，$E(X_1 + X_2) = E(X_1) + E(X_2)$，すなわち「確率変数の和の期待値は，それぞれの確率変数の期待値の和」という関係が成り立ちます。

以上から，標本平均の期待値 $E(\bar{X})$ を求める式 (14.3)，すなわち

$$
\begin{aligned}
E(\bar{X}) &= E\left(\frac{X_1 + X_2 + \cdots + X_n}{n}\right) \\
&= \frac{1}{n}\{E(X_1) + E(X_2) + \cdots + E(X_n)\} \\
&= \frac{1}{n}(\mu + \mu + \cdots + \mu) = \frac{1}{n} \times n\mu = \mu
\end{aligned}
\tag{14.15}
$$

のうち，上の 2 行が正しいことがわかりました。そして，$X_1, X_2, \ldots, X_n$ は，各々が期待値 μ の確率分布にしたがうので，$E(X_1), E(X_2), \ldots, E(X_n)$ はいずれも μ で，3 行目も正しいことがわかります。

14.3.3　確率変数の分散

次は，確率変数の分散です。やはり第 10 章で説明したように，

- 確率変数の分散 ＝［(確率変数がとりうる値 − 期待値)^2 × その値になる確率］の合計

です。ここで，「確率変数がとりうる値 − 期待値」とは，すなわち「偏差」のことです。そこで，先に述べた「確率変数の期待値」とこれを並べて書いてみると

- 確率変数の期待値 ＝［確率変数がとりうる値 × その値になる確率］の合計
- 確率変数の分散 ＝［(偏差)^2 × その値になる確率］の合計

ですから，つまり確率変数の分散とは「(偏差)^2 の期待値」ということができます。確率変数 X の期待値を $E(X)$，分散を $V(X)$ と表す書き方を用いると，偏差は $X - E(X)$ と表すことができて，$V(X) = E((X - E(X))^2)$ と表すことができます。

この式を，展開して整理してみましょう。すると

$$\begin{aligned} V(X) &= E((X - E(X))^2) \\ &= E((X - E(X))(X - E(X))) \\ &= E(X^2 - 2XE(X) + \{E(X)\}^2) \end{aligned} \tag{14.16}$$

となります。前節で示した通り，「確率変数の和の期待値は，それぞれの確率変数の期待値の和」で，また「確率変数の定数倍の期待値は，その確率変数の期待値の定数倍」ですから，上の式は

$$\begin{aligned} V(X) &= E(X^2 - 2XE(X) + \{E(X)\}^2) \\ &= E[X^2] - 2E[XE(X)] + E[\{E(X)\}^2] \\ &= E[X^2] - 2E(X)E[X] + \{E(X)\}^2 \\ &= E(X^2) - \{E(X)\}^2 \end{aligned} \tag{14.17}$$

と書き直せます[注1]。ここで，$E(X)$ は「X の期待値」という定数で，確率変数ではないことに注意してください。ですから，上の式で $E[XE(X)] = E(X)E[X]$ であり，$E[\{E(X)\}^2] = \{E(X)\}^2$ です。この「確率変数の分散 = 確率変数の 2 乗の期待値 − 確率変数の期待値の 2 乗」という関係は，公式としてよく用いられます。

14.3.4 確率変数の定数倍の分散・確率変数の和の分散

式 (14.4) で，確率変数 $X_1, X_2, \ldots, X_n$ が独立の時

$$V\left(\frac{X_1 + X_2 + \cdots + X_n}{n}\right) = \left(\frac{1}{n}\right)^2 \{V(X_1) + V(X_2) + \cdots + V(X_n)\} \tag{14.18}$$

注1 カッコ (( ))，中カッコ ({ })，大カッコ ([ ]) は，式を見やすくするために使い分けているだけで，意味はいずれも同じです。

のように式を変形しました。期待値の場合と同様に，この計算を理解するには，

- 確率変数 X に定数 a をかけたものの分散，すなわち $V(aX)$
- 確率変数 X_1 と確率変数 X_2 が独立のとき，X_1 と X_2 を足したものの分散，すなわち $V(X_1+X_2)$

がどうなるかを知る必要があります。

まず，確率変数 X に定数 a をかけたものの分散，すなわち $V(aX)$ について考えてみましょう。式 (14.17) で述べた通り，$V(X)=E(X^2)-\{E(X)\}^2$ です。そこで，$V(aX)$ をこの式にもとづいて求めると

$$\begin{aligned} V(aX) &= E((aX)^2) - \{E(aX)\}^2 \\ &= E(a^2X^2) - \{E(aX)\}^2 \end{aligned} \tag{14.19}$$

となります。14.3.2 節で示したように，「確率変数の定数倍の期待値 = 確率変数の期待値の定数倍」ですから，

$$\begin{aligned} V(aX) &= E(a^2X^2) - \{E(aX)\}^2 \\ &= a^2E(X^2) - \{aE(X)\}^2 \\ &= a^2[E(X^2) - \{E(X)\}^2] \\ &= a^2V(X) \end{aligned} \tag{14.20}$$

となります。

次に，確率変数 X_1 と確率変数 X_2 が独立のとき，X_1 と X_2 を足したものの分散，すなわち $V(X_1+X_2)$ について考えてみましょう。やはり式 (14.17) の $V(X)=E(X^2)-\{E(X)\}^2$ という関係と，さらに「和の期待値 = 期待値の和」すなわち $E(X_1+X_2)=E(X_1)+E(X_2)$ という関係を用います。すると，$V(X_1+X_2)$ は

$$\begin{aligned} V(X_1+X_2) &= E((X_1+X_2)^2) - \{E(X_1+X_2)\}^2 \\ &= E(X_1^2+2X_1X_2+X_2^2) - \{E(X_1)+E(X_2)\}^2 \\ &= E(X_1^2)+2E(X_1X_2)+E(X_2^2) \\ &\quad - [\{E(X_1)\}^2+2E(X_1)E(X_2)+\{E(X_2)\}^2] \end{aligned} \tag{14.21}$$

となります。さらにこの式の項を入れ替えると

$$
\begin{aligned}
V(X_1+X_2) = &[E(X_1^2)-\{E(X_1)\}^2]+[E(X_2^2)-\{E(X_2)\}^2] \\
&+2[E(X_1X_2)-E(X_1)E(X_2)]
\end{aligned} \tag{14.22}
$$

となりますが，やはり式 (14.17) の $V(X)=E(X^2)-\{E(X)\}^2$ という関係を用いると，

$$
\begin{aligned}
V(X_1+X_2) &= [E(X_1^2)-\{E(X_1)\}^2]+[E(X_2^2)-\{E(X_2)\}^2] \\
&\quad +2[E(X_1X_2)-E(X_1)E(X_2)] \\
&= V(X_1)+V(X_2)+2[E(X_1X_2)-E(X_1)E(X_2)]
\end{aligned} \tag{14.23}
$$

であることがわかります。

この式の後半にある，$E(X_1X_2)-E(X_1)E(X_2)$ がどうなるかを，再びコイン投げの例を使って考えてみましょう。確率変数の独立について説明したときの，表 14-6 を再掲します。

表 14-8　確率変数 X_1 と確率変数 X_2 は独立

		X_2		
		裏（0 円）	表（1 円）	X_1 の周辺確率分布
X_1	裏（0 円）	$\frac{1}{4}$	$\frac{1}{4}$	$P(X_1=0)=\frac{1}{2}$
	表（1 円）	$\frac{1}{4}$	$\frac{1}{4}$	$P(X_1=1)=\frac{1}{2}$
	X_2 の周辺確率分布	$P(X_2=0)=\frac{1}{2}$	$P(X_2=1)=\frac{1}{2}$	

この例で，X_1X_2 の期待値 $E(X_1X_2)$ は，「(X_1X_2のとりうる値×その確率）の合計」ですから，同時確率分布を使って，次のようになります。

$$
\begin{aligned}
E(X_1X_2) = &(0\times 0)\times P(X_1=0\text{ かつ }X_2=0) \\
&+(0\times 1)\times P(X_1=0\text{ かつ }X_2=1) \\
&+(1\times 0)\times P(X_1=1\text{ かつ }X_2=0) \\
&+(1\times 1)\times P(X_1=1\text{ かつ }X_2=1)
\end{aligned} \tag{14.24}
$$

ここで，確率変数 X_1 と確率変数 X_2 は独立ですから，14.2 節の最後で説明したとおり，同時確率分布での確率は，周辺確率分布での対応する確率

の積になります。例えば，網掛けの部分についてみると，$P(X_1 = 0$ かつ $X_2 = 0) = P(X_1 = 0) \times P(X_2 = 0)$ が成り立ちます。他の部分も同様なので，この関係を使って上の式を書き直すと

$$\begin{aligned} E(X_1X_2) = &(0 \times 0) \times P(X_1 = 0) \times P(X_2 = 0) \\ &+ (0 \times 1) \times P(X_1 = 0) \times P(X_2 = 1) \\ &+ (1 \times 0) \times P(X_1 = 1) \times P(X_2 = 0) \\ &+ (1 \times 1) \times P(X_1 = 1) \times P(X_2 = 1) \end{aligned} \tag{14.25}$$

となります。この式の掛け算を，X_1 に関する部分と X_2 の部分とが分かれるように並べ替えると，

$$\begin{aligned} E(X_1X_2) = &\{0 \times P(X_1 = 0)\} \times \{0 \times P(X_2 = 0)\} \\ &+ \{0 \times P(X_1 = 0)\} \times \{1 \times P(X_2 = 1)\} \\ &+ \{1 \times P(X_1 = 1)\} \times \{0 \times P(X_2 = 0)\} \\ &+ \{1 \times P(X_1 = 1)\} \times \{1 \times P(X_2 = 1)\} \end{aligned} \tag{14.26}$$

となり，さらに足し算をまとめると

$$\begin{aligned} E(X_1X_2) = &\{0 \times P(X_1 = 0)\} \times [\{0 \times P(X_2 = 0)\} + \{1 \times P(X_2 = 1)\}] \\ &+ \{1 \times P(X_1 = 1)\} \times [\{0 \times P(X_2 = 0)\} + \{1 \times P(X_2 = 1)\}] \end{aligned} \tag{14.27}$$

となります。この式は，さらに

$$\begin{aligned} E(X_1X_2) = &[\{0 \times P(X_1 = 0)\} + \{1 \times P(X_1 = 1)\}] \\ &\times [\{0 \times P(X_2 = 0)\} + \{1 \times P(X_2 = 1)\}] \end{aligned} \tag{14.28}$$

とまとめることができます。この式の前半は，確率変数 X_1 の期待値 $E(X_1)$，後半は確率変数 X_2 の期待値 $E(X_2)$ です。すなわち，$E(X_1X_2) = E(X_1)E(X_2)$ です。

　ここまでの過程では，「X_1 と X_2 が独立である」という条件を用いただけで，それ以外にしたことは，かけ算や足し算の順番を並べ替えただけです。並べ替え

は，それぞれの確率変数がどんな値をとるかには関係していません。ですから，「確率変数が互いに独立のときは，確率変数の積の期待値は，それぞれの確率変数の期待値の積と同じ」という関係が，いつでもなりたちます。

$E(X_1X_2) = E(X_1)E(X_2)$ という関係を，式(14.23)に適用すると，$E(X_1X_2) - E(X_1)E(X_2) = 0$ となるので，$V(X_1 + X_2) = V(X_1) + V(X_2)$ となります。つまり，「確率変数が互いに独立のときは，確率変数の和の分散は，それぞれの確率変数の分散の和と同じ」ということになります。

以上から，標本平均の分散 $V(\bar{X})$ を求める式(14.4)，すなわち

$$
\begin{aligned}
V(\bar{X}) &= V\left(\frac{X_1 + X_2 + \cdots + X_n}{n}\right) \\
&= \left(\frac{1}{n}\right)^2 \{V(X_1) + V(X_2) + \cdots + V(X_n)\} \\
&= \frac{1}{n^2}(\sigma^2 + \sigma^2 + \cdots + \sigma^2) = \frac{1}{n^2} \times n\sigma^2 = \frac{\sigma^2}{n}
\end{aligned}
\tag{14.29}
$$

のうち，上の2行が正しいことがわかりました。そして，$X_1, X_2, \ldots, X_n$ は，各々が分散 σ^2 の確率分布にしたがうので，$V(X_1), V(X_2), \ldots, V(X_n)$ はいずれも σ^2 です。したがって，

$$
\begin{aligned}
V(\bar{X}) &= \left(\frac{1}{n}\right)^2 \{V(X_1) + V(X_2) + \cdots + V(X_n)\} \\
&= \frac{1}{n^2}(\sigma^2 + \sigma^2 + \cdots + \sigma^2) \\
&= \frac{1}{n^2} \times n\sigma^2 = \frac{\sigma^2}{n}
\end{aligned}
\tag{14.30}
$$

となって，式(14.29)の3行目も正しいことがわかります。

大変長い説明になりましたが，以上で，この章の最初に述べた

> 母平均が μ，母分散が σ^2 の母集団から，サイズが n の標本を無作為抽出すると標本平均の期待値は μ，分散は $\dfrac{\sigma^2}{n}$

が正しいことが示されました。

演習問題

2つのくじがあり，次のように賞金が当たるとします。

- くじ1は確率 0.4 で賞金 100 円が当たり，それ以外は賞金 0 円
- くじ2は確率 0.2 で賞金 300 円が当たり，それ以外は賞金 0 円

くじ1で当たる賞金の額を確率変数 X_1，くじ2で当たる賞金の額を確率変数 X_2 とします。さらに，X_1，X_2 の同時確率分布が次の表 14-9 で表されるものとします。

表 14-9　くじ引きの賞金についての同時確率分布

		X_2	
		0 円	300 円
X_1	0 円	0.5	0.1
	100 円	0.3	0.1

このとき，以下の問に答えてください。

1. X_1 と X_2 は独立ですか。
2. くじ1とくじ2を1回ずつ引いて得られる賞金の，合計の期待値を求めてください。

演習問題の解説

1. 表 14-9 に，問題文で示されている X_1，X_2 それぞれの周辺確率分布を書き加えたのが，表 14-10 です。

表 14-10　くじ引きの賞金についての同時確率分布と周辺確率分布

		X_2		
		0 円	300 円	X_1 の周辺確率分布
X_1	0 円	0.5	0.1	0.6
	100 円	0.3	0.1	0.4
	X_2 の周辺確率分布	0.8	0.2	

X_1 と X_2 が独立ならば，例えば，同時確率分布の $P(X_1 = 0$ かつ $X_2 = 0)$ は，周辺確率分布の $P(X_1 = 0)$ と $P(X_2 = 0)$ の積になっていなければなりません。
しかし，網掛けの部分に示されているとおり，同時確率分布で $P(X_1 = 0$ かつ $X_2 = 0) = 0.5$，周辺確率分布で $P(X_1 = 0) = 0.6$，$P(X_2 = 0) = 0.8$ ですから，$P(X_1 = 0$ かつ $X_2 = 0) = P(X_1 = 0) \times P(X_2 = 0)$ にはなっていません。したがって，X_1 と X_2 は独立ではありません[注2]。

2. 求める期待値は $E(X_1 + X_2)$ です。X_1，X_2 が独立であるどうかにかかわらず，$E(X_1 + X_2) = E(X_1) + E(X_2)$ が成り立ちます。

$$
\begin{aligned}
E(X_1) &= 0 \times 0.6 + 100 \times 0.4 = 40 \\
E(X_2) &= 0 \times 0.8 + 300 \times 0.2 = 60
\end{aligned}
\tag{14.31}
$$

なので，$E(X_1 + X_2) = 40 + 60 = 100$（円）となります。□

なお，2 つの独立でないくじ引きの例については，9.4.1 節でスクラッチくじの例をあげて説明しています。

注2 独立ではないことを「従属」といいます。

付録　本書で使用する正規分布表とt分布表

標準正規分布表（$P(Z \geqq z)$）

zの小数第2位

zの小数第1位まで	0.00	0.01	0.02	0.03	0.04
0.0	0.50000	0.49601	0.49202	0.48803	0.48405
0.1	0.46017	0.45620	0.45224	0.44828	0.44433
0.2	0.42074	0.41683	0.41294	0.40905	0.40517
0.3	0.38209	0.37828	0.37448	0.37070	0.36693
0.4	0.34458	0.34090	0.33724	0.33360	0.32997
0.5	0.30854	0.30503	0.30153	0.29806	0.29460
0.6	0.27425	0.27093	0.26763	0.26435	0.26109
0.7	0.24196	0.23885	0.23576	0.23270	0.22965
0.8	0.21186	0.20897	0.20611	0.20327	0.20045
0.9	0.18406	0.18141	0.17879	0.17619	0.17361
1.0	0.15866	0.15625	0.15386	0.15151	0.14917
1.1	0.13567	0.13350	0.13136	0.12924	0.12714
1.2	0.11507	0.11314	0.11123	0.10935	0.10749
1.3	0.096800	0.095098	0.093418	0.091759	0.090123
1.4	0.080757	0.079270	0.077804	0.076359	0.074934
1.5	0.066807	0.065522	0.064255	0.063008	0.061780
1.6	0.054799	0.053699	0.052616	0.051551	0.050503
1.7	0.044565	0.043633	0.042716	0.041815	0.040930
1.8	0.035930	0.035148	0.034380	0.033625	0.032884
1.9	0.028717	0.028067	0.027429	0.026803	0.026190
2.0	0.022750	0.022216	0.021692	0.021178	0.020675
2.1	0.017864	0.017429	0.017003	0.016586	0.016177
2.2	0.013903	0.013553	0.013209	0.012874	0.012545
2.3	0.010724	0.010444	0.010170	9.9031E-03	9.6419E-03
2.4	8.1975E-03	7.9763E-03	7.7603E-03	7.5494E-03	7.3436E-03
2.5	6.2097E-03	6.0366E-03	5.8677E-03	5.7031E-03	5.5426E-03
2.6	4.6612E-03	4.5271E-03	4.3965E-03	4.2692E-03	4.1453E-03
2.7	3.4670E-03	3.3642E-03	3.2641E-03	3.1667E-03	3.0720E-03
2.8	2.5551E-03	2.4771E-03	2.4012E-03	2.3274E-03	2.2557E-03
2.9	1.8658E-03	1.8071E-03	1.7502E-03	1.6948E-03	1.6411E-03
3.0	1.3499E-03	1.3062E-03	1.2639E-03	1.2228E-03	1.1829E-03
3.1	9.6760E-04	9.3544E-04	9.0426E-04	8.7403E-04	8.4474E-04
3.2	6.8714E-04	6.6367E-04	6.4095E-04	6.1895E-04	5.9765E-04
3.3	4.8342E-04	4.6648E-04	4.5009E-04	4.3423E-04	4.1889E-04
3.4	3.3693E-04	3.2481E-04	3.1311E-04	3.0179E-04	2.9086E-04
3.5	2.3263E-04	2.2405E-04	2.1577E-04	2.0778E-04	2.0006E-04
3.6	1.5911E-04	1.5310E-04	1.4730E-04	1.4171E-04	1.3632E-04
3.7	1.0780E-04	1.0363E-04	9.9611E-05	9.5740E-05	9.2010E-05
3.8	7.2348E-05	6.9483E-05	6.6726E-05	6.4072E-05	6.1517E-05
3.9	4.8096E-05	4.6148E-05	4.4274E-05	4.2473E-05	4.0741E-05

※「E」を含む表記は，指数による表現である。
例えば，“9.9031E-03” は，$9.9031 \times 10^{-3} = 9.9031 \times 0.001 = 0.0099031$ を表す。

標準正規分布表（$P(Z \geqq z)$）

z の小数第 2 位

z の小数第 1 位まで

	0.05	0.06	0.07	0.08	0.09
0.0	0.48006	0.47608	0.47210	0.46812	0.46414
0.1	0.44038	0.43644	0.43251	0.42858	0.42465
0.2	0.40129	0.39743	0.39358	0.38974	0.38591
0.3	0.36317	0.35942	0.35569	0.35197	0.34827
0.4	0.32636	0.32276	0.31918	0.31561	0.31207
0.5	0.29116	0.28774	0.28434	0.28096	0.27760
0.6	0.25785	0.25463	0.25143	0.24825	0.24510
0.7	0.22663	0.22363	0.22065	0.21770	0.21476
0.8	0.19766	0.19489	0.19215	0.18943	0.18673
0.9	0.17106	0.16853	0.16602	0.16354	0.16109
1.0	0.14686	0.14457	0.14231	0.14007	0.13786
1.1	0.12507	0.12302	0.12100	0.11900	0.11702
1.2	0.10565	0.10383	0.10204	0.10027	0.098525
1.3	0.088508	0.086915	0.085343	0.083793	0.082264
1.4	0.073529	0.072145	0.070781	0.069437	0.068112
1.5	0.060571	0.059380	0.058208	0.057053	0.055917
1.6	0.049471	0.048457	0.047460	0.046479	0.045514
1.7	0.040059	0.039204	0.038364	0.037538	0.036727
1.8	0.032157	0.031443	0.030742	0.030054	0.029379
1.9	0.025588	0.024998	0.024419	0.023852	0.023295
2.0	0.020182	0.019699	0.019226	0.018763	0.018309
2.1	0.015778	0.015386	0.015003	0.014629	0.014262
2.2	0.012224	0.011911	0.011604	0.011304	0.011011
2.3	9.3867E-03	9.1375E-03	8.8940E-03	8.6563E-03	8.4242E-03
2.4	7.1428E-03	6.9469E-03	6.7557E-03	6.5691E-03	6.3872E-03
2.5	5.3861E-03	5.2336E-03	5.0849E-03	4.9400E-03	4.7988E-03
2.6	4.0246E-03	3.9070E-03	3.7926E-03	3.6811E-03	3.5726E-03
2.7	2.9798E-03	2.8901E-03	2.8028E-03	2.7179E-03	2.6354E-03
2.8	2.1860E-03	2.1182E-03	2.0524E-03	1.9884E-03	1.9262E-03
2.9	1.5889E-03	1.5382E-03	1.4890E-03	1.4412E-03	1.3949E-03
3.0	1.1442E-03	1.1067E-03	1.0703E-03	1.0350E-03	1.0008E-03
3.1	8.1635E-04	7.8885E-04	7.6219E-04	7.3638E-04	7.1136E-04
3.2	5.7703E-04	5.5706E-04	5.3774E-04	5.1904E-04	5.0094E-04
3.3	4.0406E-04	3.8971E-04	3.7584E-04	3.6243E-04	3.4946E-04
3.4	2.8029E-04	2.7009E-04	2.6023E-04	2.5071E-04	2.4151E-04
3.5	1.9262E-04	1.8543E-04	1.7849E-04	1.7180E-04	1.6534E-04
3.6	1.3112E-04	1.2611E-04	1.2128E-04	1.1662E-04	1.1213E-04
3.7	8.8417E-05	8.4957E-05	8.1624E-05	7.8414E-05	7.5324E-05
3.8	5.9059E-05	5.6694E-05	5.4418E-05	5.2228E-05	5.0122E-05
3.9	3.9076E-05	3.7475E-05	3.5936E-05	3.4458E-05	3.3037E-05

※「E」を含む表記は，指数による表現である。
例えば，“9.9031E-03”は，$9.9031 \times 10^{-3} = 9.9031 \times 0.001 = 0.0099031$ を表す。

t 分布表（自由度 ν の 100α パーセント点 $t_\alpha(\nu)$）

α

自由度 ν	0.40	0.30	0.25	0.20	0.15	0.10	0.05	0.025	0.01	0.005
1	0.3249	0.7265	1.0000	1.3764	1.9626	3.0777	6.3138	12.7062	31.8205	63.6567
2	0.2887	0.6172	0.8165	1.0607	1.3862	1.8856	2.9200	4.3027	6.9646	9.9248
3	0.2767	0.5844	0.7649	0.9785	1.2498	1.6377	2.3534	3.1824	4.5407	5.8409
4	0.2707	0.5686	0.7407	0.9410	1.1896	1.5332	2.1318	2.7764	3.7469	4.6041
5	0.2672	0.5594	0.7267	0.9195	1.1558	1.4759	2.0150	2.5706	3.3649	4.0321
6	0.2648	0.5534	0.7176	0.9057	1.1342	1.4398	1.9432	2.4469	3.1427	3.7074
7	0.2632	0.5491	0.7111	0.8960	1.1192	1.4149	1.8946	2.3646	2.9980	3.4995
8	0.2619	0.5459	0.7064	0.8889	1.1081	1.3968	1.8595	2.3060	2.8965	3.3554
9	0.2610	0.5435	0.7027	0.8834	1.0997	1.3830	1.8331	2.2622	2.8214	3.2498
10	0.2602	0.5415	0.6998	0.8791	1.0931	1.3722	1.8125	2.2281	2.7638	3.1693
11	0.2596	0.5399	0.6974	0.8755	1.0877	1.3634	1.7959	2.2010	2.7181	3.1058
12	0.2590	0.5386	0.6955	0.8726	1.0832	1.3562	1.7823	2.1788	2.6810	3.0545
13	0.2586	0.5375	0.6938	0.8702	1.0795	1.3502	1.7709	2.1604	2.6503	3.0123
14	0.2582	0.5366	0.6924	0.8681	1.0763	1.3450	1.7613	2.1448	2.6245	2.9768
15	0.2579	0.5357	0.6912	0.8662	1.0735	1.3406	1.7531	2.1314	2.6025	2.9467
16	0.2576	0.5350	0.6901	0.8647	1.0711	1.3368	1.7459	2.1199	2.5835	2.9208
17	0.2573	0.5344	0.6892	0.8633	1.0690	1.3334	1.7396	2.1098	2.5669	2.8982
18	0.2571	0.5338	0.6884	0.8620	1.0672	1.3304	1.7341	2.1009	2.5524	2.8784
19	0.2569	0.5333	0.6876	0.8610	1.0655	1.3277	1.7291	2.0930	2.5395	2.8609
20	0.2567	0.5329	0.6870	0.8600	1.0640	1.3253	1.7247	2.0860	2.5280	2.8453
21	0.2566	0.5325	0.6864	0.8591	1.0627	1.3232	1.7207	2.0796	2.5176	2.8314
22	0.2564	0.5321	0.6858	0.8583	1.0614	1.3212	1.7171	2.0739	2.5083	2.8188
23	0.2563	0.5317	0.6853	0.8575	1.0603	1.3195	1.7139	2.0687	2.4999	2.8073
24	0.2562	0.5314	0.6848	0.8569	1.0593	1.3178	1.7109	2.0639	2.4922	2.7969
25	0.2561	0.5312	0.6844	0.8562	1.0584	1.3163	1.7081	2.0595	2.4851	2.7874
26	0.2560	0.5309	0.6840	0.8557	1.0575	1.3150	1.7056	2.0555	2.4786	2.7787
27	0.2559	0.5306	0.6837	0.8551	1.0567	1.3137	1.7033	2.0518	2.4727	2.7707
28	0.2558	0.5304	0.6834	0.8546	1.0560	1.3125	1.7011	2.0484	2.4671	2.7633
29	0.2557	0.5302	0.6830	0.8542	1.0553	1.3114	1.6991	2.0452	2.4620	2.7564
30	0.2556	0.5300	0.6828	0.8538	1.0547	1.3104	1.6973	2.0423	2.4573	2.7500
31	0.2555	0.5298	0.6825	0.8534	1.0541	1.3095	1.6955	2.0395	2.4528	2.7440
32	0.2555	0.5297	0.6822	0.8530	1.0535	1.3086	1.6939	2.0369	2.4487	2.7385
33	0.2554	0.5295	0.6820	0.8526	1.0530	1.3077	1.6924	2.0345	2.4448	2.7333
34	0.2553	0.5294	0.6818	0.8523	1.0525	1.3070	1.6909	2.0322	2.4411	2.7284
35	0.2553	0.5292	0.6816	0.8520	1.0520	1.3062	1.6896	2.0301	2.4377	2.7238
36	0.2552	0.5291	0.6814	0.8517	1.0516	1.3055	1.6883	2.0281	2.4345	2.7195
37	0.2552	0.5289	0.6812	0.8514	1.0512	1.3049	1.6871	2.0262	2.4314	2.7154
38	0.2551	0.5288	0.6810	0.8512	1.0508	1.3042	1.6860	2.0244	2.4286	2.7116
39	0.2551	0.5287	0.6808	0.8509	1.0504	1.3036	1.6849	2.0227	2.4258	2.7079
∞	0.2533	0.5244	0.6745	0.8416	1.0364	1.2816	1.6449	1.9600	2.3263	2.5758

索　引

■さ行

■た行

■な行

■は行

■ま行

■や行

■ら行

■わ行

〈著者略歴〉
浅野　晃（あさの　あきら）
大阪府出身、1964年生まれ。
1987年　大阪大学工学部応用物理学科卒業
1989年　大阪大学大学院工学研究科応用物理学専攻博士前期課程修了
大阪大学大学院工学研究科応用物理学専攻博士後期課程入学
1990年　ソ連（現・ロシア）科学アカデミー情報伝達問題研究所客員研究員
1991年　日本学術振興会特別研究員 DC
1992年　博士（工学）（大阪大学）
1992年　九州工業大学情報工学部機械システム工学科助手
1994年　フィンランド国立研究センター情報工学部門客員研究員
1998年　広島大学総合科学部助教授
2005年　広島大学総合科学部教授
2006年　広島大学大学院工学研究科教授
2011年　関西大学総合情報学部教授、現在に至る

挫折しない統計学入門
—数学苦手意識を克服する—

平成29年1月25日　　第1版第1刷発行

著　者　浅野　晃
発行者　村上和夫
発行所　株式会社オーム社
郵便番号　101-8460
東京都千代田区神田錦町 3-1
電話　03(3233)0641(代表)
URL http://www.ohmsha.co.jp/

組版　トップスタジオ　　印刷・製本　壮光舎印刷
ISBN978-4-274-22012-8　Printed in Japan